别让细节毁了你

方军/编著

关注细节是走向成功人生的通行证！

中国华侨出版社

图书在版编目（CIP）数据

别让细节毁了你/方军编著．－北京：中国华侨出版社，
2006.7

ISBN 978－7－80222－151－2

Ⅰ.别… Ⅱ.方… Ⅲ.成功心理学－通俗读物
Ⅳ.B848.4－49

中国版本图书馆 CIP 数据核字（2006）第 074168 号

●别让细节毁了你

编　著/方　军
责任编辑/杨　郁
经　销/新华书店
开　本/710×1000 毫米　1/16　印张 15　字数 220 千字
印　数/5001－10000
印　刷/北京一鑫印务有限责任公司
版　次/2013 年 5 月第 2 版　2018 年 3 月第 2 次印刷
书　号/ISBN 978－7－80222－151－2
定　价/29.80 元

中国华侨出版社　　北京市朝阳区静安里 26 号通成达大厦 3 层　　邮编 100028
法律顾问：陈鹰律师事务所
编辑部：（010）64443056　　64443979
发行部：（010）64443051　　传真：64439708
网　址：www.oveaschin.com
e-mail：oveaschin@sina.com

前　言

　　生活就像一根无限拉长的链条，细节如同链条上的链扣，毫不夸张地说，我们的生活就是由一个个小细节、一件件小事组成的。小细节包含着大智慧，小事中隐藏着大道理，只有注重细节，才能获得成功。

　　一位作家说："生活的细节越分越密，密不可分时，就糊成一片了，按科学术语说，出现了混沌。人在混沌中，也好过粗枝大叶。忽略细节的人是古装戏里的'洒狗血'——内心什么也没有，却装着有感情的样子，大喊大叫，拼命表演。"

　　细节小事存在于我们生活的方方面面，只有关注小事，慎重对待小事，你的生活才会有意义。

　　要想工作不流于一般的人，应该学会在细节处下功夫，做好每一件小事。

　　注意细节所做出来的工作一定能抓住人心。细心的工作态度，是由于对一件工作重视的态度而产生的。对再细小的事也不掉以轻心，这种注重细微环节的态度就是使自己的前途得以发展的保证。

　　在为人处世时，我们同样要注意细节。在日常生活中要时刻注意你的言行举止，在细微处体现你的礼貌与睿智，这样你的人际关系才会顺畅自如。说话办事要注意细节，一句话就可能得罪人，一个举动可能破坏了自己的形象，把事情搞砸，因此越是细微之处越要留神。

做事创业要注重细节。因为细节就意味着机遇，而留心细节就可以创造机遇，请不要怀疑这一点：一件司空见惯的小事或许就可能是打开机遇宝库的钥匙。

忽视细节，是生活中很多人都会犯的错误，他们不知道细节往往是一个人一生成败的关键，忽视小节会让人失去大机会，忽视小节会让人平庸一辈子。因此欲成大事者要拘于小节，小节是人一生中最基本的内容。聚集细节，必能升华你的人生。

目 录

第一章　为人处世：别让细节毁了自己的形象

为人处世中，我们需要有一个圆满通透的个人形象，这样才能赢得好人缘，才能赢得众人的帮助和扶持。然而，维护个人形象的努力常常毁于我们的小小失误，或者我们对自我的一次小小放纵。因此，生活中我们一定要更多地关注细节。一个墨点足以将白纸玷污，千万不要忽视细节对个人形象的危害和杀伤力。

第二章　求人办事：别让细节毁了办事的成效

人不是万能的，活在这个世上就免不了要求人办事。而能不能把人求动、能不能把事办成，不光要看你有没有热情，有没有手段，还要看你能不能把握细节，该说的话要说好，该做的事要做"圆"，不同的人和事要对症下药。如果真能这样做了就没有求不动的人，没有办不好的事，在社会上你自然也就比别人活得轻松。

第三章　正确决策：别让细节毁了大事的抉择

决策关乎个人命运、事业成败、企业存亡，一个决策带来的影响是极其深远的。所以在做决策时一定要慎之又慎，方方面面的问题都要考虑到，再小的细节也不能忽视，再小的错误也不能放纵。除此之外，还要消除自身可能对决策产生影响的小毛病、小问题。如此一来，才能在大事面前做出正确的抉择。

第四章 处理难题：别让细节毁了成事的契机

善于解决难题的人总是具备更周密的思维和更善于发现契机的慧眼。他们会留意任何一个细微的变化，把握每一个细小的环节，利用这些细节化繁为简，变难为易，让一个个难题因此而轻松解开。

第五章 赚钱花钱：别让细节毁了你的财运

金钱与我们的生活息息相关，每天我们都要不断地赚钱，不断地花钱，在这一过程中我们既能体会收获的满足，又能感受享受的快乐。但无论是赚钱还是花钱，我们都要关注细节，这样才能避风浪，绕暗礁，以变应变，既满足自身对物质的要求，又不损害生活的乐趣。

目
录

第六章　突破逆境：别让细节毁了成功的希望

人生不如意十之八九，遭遇逆境是在所难免的，因为成功路上本来就满布荆棘。但是我们不能就此沉沦，而是应该用敏锐警觉的眼光去发现那些以前从未注意到或是未予以重视的细微之处，以此作为突破口，与挫折坎坷抗争，突破逆境，一步步走向成功。

第七章　仪表举止：别让细节毁了你的魅力

人的魅力来自于人的气质和修养，表现在形象与仪态上，可以说仪表举止是一个人道德及文化素养的外在表现形式，讲究仪表、举止的人，一定会受到人们的尊重和喜爱。因此，生活中我们一定要拘于小节，在日常生活中时刻注意自己的言行举止，要以得体的穿着，高雅的言谈举止体现你的礼貌与魅力，让自己在各种社会交往中如鱼得水，顺畅自如。

第八章　说话沟通：别让细节毁了交流的桥梁

语言是沟通思想感情的工具，待人处事、社会交往都少不了好口才，出色的语言艺术能产生不可估量的威力和功效，而不得体的语言也能伤人至深，因此人说"药不可乱吃，话不可乱说"。粗枝大叶、不拘小节就很容易说错话，得罪人，所以在与人交谈时一定要注意细节，这样才能把话说得合人心意，自己才能受人欢迎。

第九章　上下相处：别让细节毁了良好的互动

生活中，我们常见到一些上司指责下属，下属抱怨上司的情况发生，他们互无好感、互不谅解。而他们的关系之所以弄得这么糟，往往都是因为常发生小摩擦引起的。要知道上司是领导者，也是被辅助者；下属是被领导者，也是帮手高参，只有双方和谐相处，实现良好互动，才能把工作做好，彼此受益。因此我们一定要注意细节，别让小事影响了彼此的关系。

目录

第十章 朋友相交：别让细节毁了朋友的情谊

人生在世，光靠自己的力量单打独斗，做任何事都难以成功，一定要广泛交友，拥有好人缘才行。而结交朋友也绝非是一件简单的事，在与朋友交往时方方面面的事都要注意到，因为朋友越亲密就越容易因为小事闹矛盾。所以为了维护朋友情谊，越是细微之处就越要留神。

第十一章 管人管事：别让细节毁了管理的成效

管理无外乎管人管事，然而要对人和事应付自如，做到有效管理也并非易事。有人说管理是一门艺术，而艺术的最高境界就是关注到每一个细节，在细节处找到最终的突破口。所以一个优秀的管理者也必定是一个在细处体味人心，在细处着眼工作，在细处完善自我的人。

第十二章 个人习惯：别让细节毁了你的前途

在日常生活与繁杂的工作中，人们自然而然地形成了一些不容易改变的行为——习惯。小习惯常常会决定人一生的平坦与坎坷、成功与失败、乐观与悲观、得意与失意，因此我们一定要戒除坏习惯，培养好习惯，跨越人生障碍，重新定位你的生活，不要让小习惯坏了大事。

第十三章 情绪控制：别让细节毁了成功的心态

情绪是一种十分微妙的东西，一些不良情绪往往具有强大的杀伤力，会给你的工作、生活带来不利的影响。因此我们一定要把握细节，掌控自己的情绪，这样我们才能催生希望和热忱，利用正面情绪培养健康、积极的心态。

目录

第十四章 婚恋家庭：别让细节毁了珍贵的情感

人与人之间的感情是非常微妙的，也许你一个不经意的举动就能给对方留下深刻印象，成就一段美好的姻缘；也许因为你的一句漫不经心的话，就可能引起一场矛盾纠纷，毁了和睦的家庭生活。情感无小事，只有关注细节的人，才能牢牢把握住真情。

第一章 为人处世：
别让细节毁了自己的形象

为人处世中，我们需要有一个圆满通透的个人形象，这样才能赢得好人缘，才能赢得众人的帮助和扶持。然而，维护个人形象的努力常常毁于我们的小小失误，或者我们对自我的一次小小放纵。因此，生活中我们一定要更多地关注细节。一个墨点足以将白纸玷污，千万不要忽视细节对个人形象的危害和杀伤力。

1. 嫉妒别人就是自毁形象

嫉妒虽然是小毛病，但却会给你带来极大的伤害。它是一股祸水，会使你头脑发昏、丧失理智，招来别人的厌恶。因此，你要时时提醒自己，嫉妒别人就是在毁坏自己的良好形象。

卢梭说："人除了希望自己幸福之外，还喜欢看到别人不幸。"这句话不仅道出人类容易嫉妒的心理，对人类幸灾乐祸的想法更是一针见血。

嫉妒往往源于私心。如果真正大公无私，能全方位考虑问题，就不会产生嫉妒心理。能如此，他人会为你的崇高而由衷的喜悦，并以"见贤思齐"来要求和勉励自己。不嫉妒不仅会激励别人，更能培养自我。

荀子说："君子以公理克服私欲。"孔子说："君子明于道义，小人明于势利。"义，是天理所应实行的；利，是人情所应思索的。君子根据天理行事，便没有人欲的私心，所以能泛爱。小人放纵私欲，不明天理，所以嫉恶别人。

嫉妒是一种慢性"毒药"，可以使人不辨是非。对人无端生怨，对己则身心俱损。嫉妒是产生"恶毒仇恨"、"无名怒火"的重要根源。嫉妒会毁了自己，也会伤害他人。

有一个画家，他的作品有一定的影响，同时也给自己带来不菲的收入，但他从不看重这些，也不嫉妒他人——他的座右铭是"我永远是个小学徒"。他追求艺术的理想还像童年那样执著单纯，他追求成功但绝不嫉妒比他更成功的人，也许他成功的奥秘正在于此。

而生活中，我们见到最多的却是那些因嫉贤妒能而变得丑陋的人："他不是比我强，老受表扬嘛，这次我就不帮他了，看他能比我强到哪里去！"

你知道什么是螃蟹心理吗？你知道渔民们怎样抓螃蟹吗？把盒子的一面打开，开口冲着螃蟹，让它们爬进来，当盒子装满螃蟹后，将开口关上。盒子有底，但是没有盖子。本来螃蟹可以很容易地从盒子里爬出来跑掉，但是由于螃蟹有嫉妒心理，结果一只都不能跑掉。原来当一只螃蟹开始往上爬的时候，另一只螃蟹就把它挤了下来，最终谁也没有爬出去。大家不用想就知道它们的结局：它们都成了餐桌上的美味佳肴。

人一旦嫉妒起来就好像那些螃蟹一样。嫉妒的人以消极的人生观为基础，他们信奉你好我就不好的信条，所以这种心理常常给人际关系带来破坏性的影响。

嫉妒的起因是我们发现别人比我们做得更好，别人比我们拥有的更多。嫉妒有推动力，但是它不能给我们正确的导航。它给我们指明一条道路，但是却让我们去妨碍和伤害别人。还记得《白雪公主》中那个原本很美丽的后母吗？因为嫉妒白雪公主比自己美丽，就狠下毒手，最后自己反倒被气得鼻歪眼斜，成了一个真正的丑女人。用拖别人后腿的方式来赢得胜利或者至少保持不输是非常愚蠢的做法。

嫉妒使我们放弃对自身利益的关注，别人的优势恰好映照出我们的不足。想要完成一个健康完善的自我的塑造，必须要懂得为自己加油。去拖别人的后腿只会使别人和我们一样差劲，而不会使我们获得进步。

嫉妒是发生在自己最熟悉的圈子里的，我们普通老百姓不会去嫉妒国家首脑所拥有的特权、亿万富翁所取得的财富，但我们却不能容忍周围的人超越我们半步，故而这种心理会对我们造成切实的伤害。你只要发现别人进步比你快，运气比你好，你心中便酸溜溜的不舒服，说话也不自觉地尖刻起来，甚至还会做出一些小动作，这样的行为方式谁还会同你在一起互帮互助？到头来只能伤害到自己。

每个人都难免会有些嫉妒心在作祟，因此，看到别人发生不幸，有时候幸灾乐祸的感觉就会油然而生。这种情况，最常发生在那些与我们有利害关系的人身上，因为他们罹祸，我们就会觉得似乎又少了一个竞争的对手了。

但是，我们却忽略了他人在成功之前所付出的汗水与努力。因此，每个人都应该扪心自问：自己是怎么规划人生的？目前自己的工作充满了挑战与成就吗？自己在工作中，能否获得学习与成长的机会？与别人相比，自己是否有一些突出的特质？然后，将自己未来真正想做的事情，或是欲追求的目标记录下来。例如，希望身旁拥有什么样品质的益友？希望从工作中还能多学习到什么知识或技能！未来希望过什么样的生活？请将所有的梦想个体化，目标明确化吧。

当一个人成功的时候，其实往往代表了全人类的成功。爱迪生成功地发明了电灯，莱特兄弟成功地试飞了飞机，爱因斯坦发现了相对论等，这些成功的事例最后都给全人类带来了便利与福音。因此，莫嫉能妒贤，请为他人的成功感到骄傲，为他们喝彩吧！

不要只把嫉妒当成无关紧要的小毛病、小问题，细节可以决定成败，嫉妒之花往往会结出最难以清除的恶果。

2. 你不是宇宙的中心

为人处世中，你若总是过于表现自己，把自己当作宇宙的中心，那么别人就会厌恶你、疏远你。生活中，很多人就因为在这个细节上不注意收敛自己而饱受排斥。所以我们要常常检讨自己的行为，别让微小的错误损害自己。

法国哲学家罗西法古说："如果你要得到仇人，就表现得比你的朋友优越吧；如果你要得到朋友，就要让你的朋友表现得比你优越。"当我们的朋友表现得比我们优越时，他们就有了一种重要人物的感觉，但是当我们表现得比他们还优越，他们就会产生一种自卑感，形成嫉妒的情绪。

社会上，那些谦让而豁达的人总能赢得更多的朋友。他们善于放下自己的架子，虔诚、恭敬地对待身边的每一个人。反之，那些妄自尊大、高看自己小看别人的人什么事都爱露一手，仿佛就自己行，对别人不屑一顾，总认为，在这个世界上，惟我最大，舍我其谁，因此，只要是涉及到利益重新分配或调整时，他都采取"当仁不让"的态度，因而什么都想沾，什么都想贪，这样的人到最后都受到了人们的鄙视。正如希腊一位叫希尔泰的学者所说的："傲慢始终与相当数量的愚蠢结伴而行。傲慢总是在即将破灭之时，及时出现。傲慢一现，谋事必败。"

有人认为，喜欢表现、张扬自己只是无伤大雅的小节，这种想法真是大错特错了。要知道每个人都希望得到他人的肯定性评价，都在不知不觉地强烈维护着自己的形象和尊严，如果为人处世时过分地显示出高人一等的优越感，目空一切、妄自尊大，那就是在无形之中对对方的自尊和自信进行挑战与轻视，对方的排斥心理乃至敌意也就不知不觉地产生了。

Cinderella 一天辛苦之后酣然入睡。

一位玲珑的天使飞进窗口找上了她，说，聪明的 Cinderella，每个人都应该得到一份适量的聪明和一份适量的愚蠢，可是匆忙中上帝遗漏了你的愚蠢，现在我给你送来了这份礼物。

愚蠢礼物？Cinderella 很不理解。慑于上帝的威严，她接过天使包中的愚蠢，无可奈何地植入脑中。

第二天，她平生第一次讲话露出了破绽，第一次解题费了心思，她花了一个早晨记住了一组单词，三五天后却忘了将近一半。她痛恨这份"礼物"。深夜，她偷偷地取出了植脑不深的愚蠢，扔了。

事隔数天，天使来检查他自己做的那份工作，发现给 Cinderella 的那份愚蠢已被扔进了垃圾箱。他第二次飞入 Cinderella 的卧室，义正词严地对她说，这是每个人都必须有的配额，只是或多或少罢了，每一个完整的人都应该这样。

不得已，Cinderella 重新把那份讨厌的愚蠢捡了回来。但是，她太不愿意自己变成一个不很聪明的人了。她把愚蠢嵌进头发，不让进入思维，居然蒙过了天使的耳目。以后，Cinderella 没有遇上一道难题，没有考过一次低分，一直保持着强盛的记忆、出色的思维和优异的成绩。

当然，她也没有了苦役获释的愉快和改正差错后的轻松。更奇怪的是，也没有一个同伴愿意与她一起组队去出席专题辩论，因为她的精彩表现使同伴呆成木鸡；也没有哪个人愿意和她做买卖，因为得利赚钱的总是她；也没人与她恋爱，男人们无不怕在她的光环里对比成傻瓜。连下棋打牌她都十分没劲，来者总是输得伤心。偶尔有一两次她给了点面子，卖个破绽下个软招，也很容易看出是她在暗中放人一马，比她胜了还伤害人的自尊。

她越来越孤独、空乏，真的也希望有份愚蠢了。但是，聪明成性的脑袋，愚蠢是再也植不进去了。她希望能再见上一次天使，可天使已"黄鹤一去不复返"了。

因为只有聪明，Cinderella 在痛苦中熬过单调的一生。

你带着羞怯和歉意告诉世人："大家听着，我知道自己实际上并不这么好，所以我想做得尽量符合你们的要求。"

许多书籍和文章告诉我们应该怎么取悦别人，以得到别人的喜爱。让别人喜欢的方法，就是使自己变得讨人喜欢。所以，你必须顺从别人，不要攻击别人，并且多说别人想听的话。和同事相处的时候，要表现得比较世故；和老同学相处的话，则力求平实。也就是说，在与人相处时要尽量表现出你的谦虚。谦虚，别人才不会认为你会对他构成威胁，才会赢得别人的尊重，从而建立和睦相处的人际关系。

王昆是人事局调配科一位相当得人缘的骨干，按说搞人事调配工作是最得罪人的事，可他却是个例外。但是，在他刚到人事局的那段日子里，在同事中几乎连一个朋友都没有。因为他正春风得意，对自己的机遇和才能非常自信，因此每天都在极力吹嘘他在工作中的成绩，每天有多少人找他请求帮忙等等得意之事。然而同事们听了之后不仅没有人分享他的快乐，反而极不高兴。后来是老父亲一语点破，他才意识到自己的错误。从此，他就很少谈自己的成就而多听同事说话，因为他们也有很多事情要吹嘘。让他们把自己的成就说出来，远比听别人吹嘘更令他们兴奋。后来，每当他有时间与同事闲聊的时候，他总是先让对方滔滔不绝地把他们的成就炫耀出来，与其分享，仅仅在对方问他的时候，才谦虚地表露一下自己。

别把自己摆的太高，为人应该谦逊、自制，这样别人才愿意亲近你，你做事才有帮手。反之，若恃才妄为，高傲自大，人皆远之，你就成了"孤家寡人"了。

妄自尊大和目空一切的结果只能使自己的形象扭曲，在伤害别人的同时也伤害自己。所以注意收敛自己，也是保护自己的一种策略。

3. 小处更不可随便

古人告诫我们："勿以善小而不为，勿以恶小而为之。"很多人往往能在大奸大恶面前保持自律，但面对小错小失时却常管不住自己。其实小处更能体现一个人的品格，因此千万不能在小处放纵自己。

生活中，普通人很少会犯大过失，因为大过失太明显、影响太大，多少双眼睛盯着呢！而小过失则不然，它不引人注意，有时甚至别人都不会发现，小处随便一点似乎没什么大不了的。然而小事是人一生中最基本的内容，自我形象的定位也正是来自小事的累积。所以小处不能随便，要让良心监督自己，不管事情大小，不论别人知不知道，你所要做到的就是问心无愧。

为人应不愧于人，不畏于天，即使在小事上也应如此。《诗·小雅·何人斯》中说：如果没有做什么有愧于己心的事，那么对于上天也没有什么可怕的。日本经营之神松下幸之助曾这样说道："盲人的眼睛虽然看不见，却很少受伤，反倒是眼睛好的人，动不动就跌跤或撞倒东西。这都是自恃眼睛看得见，而疏忽大意所致。盲人走路非常小心，一步步摸索着前进，脚步稳重，精神贯注，像这么稳重的走路方式，明眼人是做不到的。人的一生中，若不希望莫名其妙地受伤或挫败，那么，盲人走路的方式，就颇值得引为借鉴。前途莫测，大家最好还是不要太莽撞才好。"松下这段名言的主旨是要我们凡事三思而后行，谨言慎行。人生的舞台是旋转的、不定的，我们应该慎重地举步落足，堂堂正正，光明正大地为人处世，朝着既定的目标前进。

一个美国游客到泰国曼谷旅行，在一个货摊上他看见了十分可爱的小纪念品，他选中 3 件纪念品后就问价。女商贩回答是每个 100 铢。美国游客还价 80 铢，费尽口舌讲了半天，女商贩就是不同意降价，她说："我每卖出 100 铢，才能从老板那里得到 10 铢。如果价格降到 80 铢，我什么也得不到。"

美国游客眼珠一转，想出一个主意，他对女商贩说："这样吧，你卖给我 60 铢一个，每件纪念品我额外给你 20 铢报酬，这样比老板给你的还多，而我也少花钱。你我双方都得到好处，行吗？"

美国游客以为这位泰国女商贩会马上答应，但只见她连连摇头。见此情景，美国游客又补充了一句：这只是小事一桩！别担心，你老板不会知道的。"

女商贩听了这话，看着美国游客，更加坚决地摇头说："佛会知道。"

美国游客一时哑然。他为了达到自己的目的，就像钓鱼一样，设了一个诱饵，但女商贩并不上钩，关键在于她深深懂得：商人必须讲究商业道德，正经钱可赚，昧心钱不可得；别人能瞒得住，但良心不可欺。

为人的道理和经商的道理是相通的。"认认真真做事，清清白白做人。"这一句话几乎包含了各种层面的人生活动，比如做官、种田、教书、打仗等等；后一句话则强调，无论做什么事，都要"对得起天地良心"，于人于己问心无愧，无论处于何种人生情境，无论是别人知道还是别人不知道，做人都要珍视"人"这个崇高的称号，必须保持个人品德的纯洁无瑕。

利用别人不知道而欺骗别人，是一种最大的罪恶。许多奸恶之人大都以"别人不知道"来为自己壮胆，从而干下了许多坏事。天下的坏事可以分为两种情况：一种是利用别人不知道而进行欺骗，一种是虽然别人知道却不害怕。前者还知道有所畏惧，说明他良心未泯，后者就是肆无忌惮了。

《后汉书·杨震传》中记载了一则"杨震四知"的故事。东汉时期，杨震奉命出任东莱太守，中途经过昌邑时，昌邑县令王密是由杨震推荐上来的。这天晚上，王密怀揣10斤黄金来拜见杨震，并献上黄金以感谢他往日的提拔。杨震坚决不收，王密说："黑夜没有人知道。"杨震却说："天知、地知、你知、我知，怎么说没有人知道呢？"这则故事不仅仅涉及到了行贿、拒贿的问题。在实际生活中，有多少的小人、奸人、恶人，不都是借着"黑夜没有人知道"的掩护下，干下了大大小小的罪恶勾当？可是，那些在黑暗中干着不可告人勾当的人，不要以为自己在行动时，别人不知晓。其实，天上地下的神明正睁着大眼睛看着你呢！及早回头。当然，对于那些干坏事肆无忌惮的人，等待他们的是法律的制裁。

在一个人行动之前，良心起审查和指令作用；在行动中，良心起调整和监督作用；在行动后，良心对行动的后果进行评价和反省；或者满意或者自责，或者愉快或者惭愧。一个人做人能做到问心无愧，能在良心的引导下做事，大致上可以高枕无忧了。也就是谚语说的："为人不做亏心事，半夜不怕鬼敲门。"

不要因为别人不知道就做有愧于心的事，不要因为错误很小就毫不在意，在为人处世中，你必须始终做到问心无愧，这样才能对得起你自己。

4. 伤害面前要更机智友善

伤害面前该做何种反应似乎是一个细节问题，很多人都觉得不需要为此费神思考，于是一些人碰到伤害后就表现得歇斯底里，而另一些人则一副困窘、不知所措的样子。在危机面前的表现对个人形象有极大影响，因此你必须做好思想准备，更从容、洒脱地应付意外窘境。

机智是良好的性情、敏锐的洞察力以及在紧急时刻快速反应能力的综合产物。机智从来都不是咄咄逼人的，而是像柔和的春风一样消除人们的猜疑，并抚慰着人们的心灵。它善解人意并因而受到人们的欢迎。它是一种迂回的策略，但其中没有任何虚伪的成分和欺骗的成分。

机智也是出于对他人的考虑而不是出于个人的私心。它从来都不是敌意的、对立的，从来都不会触犯别人的忌讳揭开他人的伤疤，从来不会令他人烦躁不安或火冒三丈。

我们难免有时会不同程度地受到他人的伤害，尤其是要受到某些尖刻的语言伤害。一个人的脸上挨了耳光的伤害还算不重，因为肉体的疼痛过一会就消失了，可是，如果一个人遭受语言伤害，那么感受就不同了，它将会在你的精神上产生不能忘怀的记忆。而且，肉体上的伤害，可能去叫警察判定受伤害的程度，而精神的伤害则无法判定，因为这缺少直接伤害的有力证据。

当然，除非有人当众造谣诽谤你，你可以去告他诬陷罪，一般来说总是有什么机构可以为你伸冤的。可是语言的戕害难以言表，它会滞留在你的心灵深处，因此你得到同情的机会微乎其微，更不易得到帮助。更糟的是，语言伤害常常很难察觉。因为语言伤害往往十分隐蔽，当你发现时，你也许会去责怪自己而不去责怪对方，这会更加痛苦。你会认为自己总是那么愚蠢，不会说话，尽管你是个好人。

解决语言伤害问题，的确是个难题。如果有人明显地瞪起眼睛对你说："你是个笨蛋"，你一定知道如何去对付他；可是当有人面带讥笑地对你说："你应该知道怎么办了，怎么这样不长记性呢？"对这种有伤你自尊心的话，你可能会手足无措，不太容易有应付的办法，尤其是当你的上司说这种话时，你会更加发懵。

许多人在应付语言伤害方面几乎没有受过任何专业训练，有些人曾认为，这方面的教育是通常所说的修辞问题，其实不然，光靠语言修辞远远不够。如果你从来不曾受过这方面的任何训练，更需要弥补。

对付语言伤害的应变诀窍不在于教会你去如何进攻别人，而是让你学会在自己受到攻击时，如何把对手的工具变成自己的力量，不失身份地去反击对方。要知道，在不伤害他人的前提下，你完全有能力保护自己，特别是在你运用下述方法去应付各种伤害的情况时，你会变成一个机智的人。

（1）要能防患于未然

你必须时刻能认识自己是否正处在一个遭受语言伤害的境况之中。在和某人谈话以后，你感觉到了伤害的成分，假如你把由此而产生的心情压抑的原因归咎于自己，那么你就没有感受到自己在受到伤害。因为你不懂得什么是语言伤害及其如何识别，你将是经常遭到突然袭击，而且经常成为别人进行语言攻击的理想靶子。如果你在这方面得到训练，就会防患于未然。欺软怕硬，向强人屈服，这是一部分人的劣根性。当他发现受害者无力反抗时，他们总是寻找那些软弱可欺的人作为发泄的对象。因此第一步你必须学会去识别语言伤害的迹象，清楚并及时地察觉到自己在遭受伤害，在伤害者还没有将恶毒的语言讲出口之前，你就应该意识到并且进一步采取对策。

（2）对付要适可而止

如果你能识别别人正想伤害你，并了解他的"把戏"，包括使用的是什么武器，其能量及技巧如何，这就好办了。但也要注意，一些常见的伤害手段，比如说话的声音过大、不愉快的面部表情或是公开使用侮辱性的语言等等，也会使你误入歧途，如果你"以暴易暴"将无济于事。因此，反击应该恰如其分。

……

你不仅要恰当地选择词汇，而且用词的程度也应讲究。对一个技巧不高的进攻者，你不必花费更多的精力，那样既不道德又会显得你心胸狭窄。可是，对付一个高明的老手，就要使出"绝招"，不可轻敌，免得对方感到你无能。也就是说，反击必须恰如其分，语言自卫应该"适可而止"，任何时候都不要去进行过分的回击。

（3）要有绅士风度

虽然你去反击别人的伤害，但一定要保持绅士风度。对于很多人来说，对妇女的自卫是最棘手的事情。很多人发现，在家庭纠纷中，受害者往往是比女人更高更壮的男子。毫无疑问，传统文化的巨大压力使绝大多数妇女仍受到压抑，但在现代，随着社会的变化，"阴盛阳衰"也是事实。妇女有时候也会使用不当的语言向男人发泄不满。我们一直受着这样的传统教诲："好男不和女斗。"特别是当你的对手比你弱小，你就不应去伤害他，两阵对垒，须旗鼓相当。然而，语言伤害很难用男女性别和力量的强弱去衡量。有时技巧性很高的伤害语言会出自妇女的嘴里。不过，高明的男人总记住自卫是一种绅士艺术。语言自卫是一种和平的方式，应当能够和平解决的时候，就不付诸武力。

同样的，为了家庭生活的甜蜜温馨，女人也应具备这种"绅士风度"，以自己的友善把"百炼钢"化为"绕指柔"。

有这样一个家庭，女主人简直每天都在创造奇迹。她的丈夫每次吃早饭时都是一副匆匆忙忙的样子。他是一个脾气暴躁的人，尤其是在早晨，仿佛任何事情都在刺激着他的神经并令他烦躁不安。他起床总比别人晚，如果有什么东西没有马上为他准备好的话，他在一瞬间就会勃然大怒。然而，他那文雅的、温柔的、娴静的妻子每次都能临危不惊、镇定自若，不管是什么地方出现了问题，她都能凭借着那机智的头脑和温顺的性格巧妙地平息风波。如果丈夫对咖啡表示不满的话，她会迅速地走进厨房，几分钟之后，她就端出来另一杯热腾腾冒着香气的咖啡，并把它放在丈夫的手上。这样，丈夫也就没有什么话说了。

有的时候，这位丈夫在脾气发作时会怒不可遏地把不合口味的饭菜撒得满地都是。每逢这种场合，这位能屈能伸的妻子就说，这是因为她丈夫的业务过于繁忙紧张，因而他被搞得头晕脑胀、失去控制的缘故。

这位女主人似乎能够应付任何紧急状况，不管是多大的风暴，在她的温柔与甜美安宁中都会消逝得无影无踪。她就像一束温暖的阳光一样，给这个家庭的每一个角落带来了光明和温馨。

在这个世界上，我们为人处世方面最重要的一条原则就是时时刻刻要告诫自己友善待人，对于那些我们并不感兴趣的人，我们必须尽量地展现出亲和力。一位作家把人际关系中的情感价值形容成："情是生命的灵魂，是星辰的光辉，音乐和诗歌的韵律，花草的欢欣，飞禽的羽毛，女人的艳丽，学问的生命。"

生活的逻辑是先失去后才有所得，先给予后必有所获。现在我们提倡竞争，目的是充分发挥人的潜能和创造性、推动社会进步。越是竞争，越需要和谐的人际关系，越需要人情味。对有教养的人来说，他总是能够在任何人身上找到某些令他感兴趣的东西。

解决冲突矛盾时机智友善，保持理智，你就会赢得更多的喜爱和尊敬，而受点刺激就发火动怒则会被认为是不够理智的人。所以为了维护良好的个人形象，你一定要在这方面多加注意。

第二章 求人办事：
别让细节毁了办事的成效

　　人不是万能的，活在这个世上就免不了要求人办事。而能不能把人求动、能不能把事办成，不光要看你有没有热情，有没有手段，还要看你能不能把握细节，该说的话要说好，该做的事要做"圆"，不同的人和事要对症下药。如果真能这样做了就没有求不动的人，没有办不好的事，在社会上你自然也就比别人活得轻松。

1. 求人办事还得形象好

求人办事想要成功，还得多注意自身形象，这是生活中很多人都会忽略的一个细节。试想你衣着邋遢，萎靡不振地去求人，还未开口就已被对方厌上三分，这样一来人家又怎会愿意帮你?!

俗话说"人靠衣装，佛靠金装"，讲究仪表是求人前的必要准备。一个人的仪表是给对方留下好印象的基本要素之一。试想，一个衣冠不整、邋邋遢遢的人和一个装束典雅、整洁利落的人在其他条件差不多的情况下，同去求一个人，恐怕前者很可能受到冷落，而后者更容易得到善待。特别是所求的对象是陌生人，怎样给别人留下一个美好的第一印象更重要。

曾经看到这样一个笑话：有一个求人办事的乡下人，穿着普普通通的衣裳没能进去一个大机关的大门，因为那门卫一见他的穿戴就把他拦住了。他于是返身出来，到一个朋友家里换上一身西装革履，然后就大摇大摆地朝那个大机关的大门走了进去。有人曾经告诫说：你想进某个大门吗？你千万不要穿着皱巴巴的衣裳，更不能装出一副谦恭的样子去那个门卫传达室自报家门，或是询问什么等等；你只要穿着西装革履旁若无人地照门直进就是了。你能旁若无人地往门里闯，门卫就会以为你是这里的熟客，再不会来干扰和拦阻你了。

人们常说"不要以衣帽取人"，但实际上处处都是以"衣帽取人"。还是那句话，形象好求人易。世上早有"人靠衣服马靠鞍"之说，一个人若有一套得体的衣装相配，不仅能让你的身份提高一个档次，而且在心理上和气氛上增强了自己求人办事儿的信心。

美国商人希尔在创业之始是个没有任何资本的普通人，他有一本

《希尔的黄金定律》的书要出版，苦于没有资金，这时他将目光瞄上了一位富裕的出版商。他知道在上流社会服饰对人际交往与求人办事的作用。多年的社会阅历告诉他，在商业社会中，一般人是根据对方的气质形象来判断他的实力的，因此，他首先去拜访裁缝。靠着往日的信用，希尔订做了三套昂贵的西服，共花了275美元，而当时他的口袋里仅有不到1美元的零钱。然后他又买了一整套最好的衬衫、衣领、领带、吊带及内衣裤，而这时他的债务已经达到了675美元。

此后，每天早上，他都会身穿一套全新的衣服，在同一个时间里、同一条街道上同那位富裕的出版商"邂逅"，希尔每天都和他打招呼，并偶尔聊上几分钟。

这种例行性会面大约进行了一星期之后，出版商开始主动与希尔搭话，并说："你看来混得相当不错啊。"

接着出版商便想知道希尔从事哪种行业。因为希尔身上衣着所表现出来的那种极有成就的气质，再加上每天一套不同的新衣服，已引起了出版商极大的好奇心。这正是希尔期望发生的情况。

希尔于是很轻松地告诉出版商："我手头有一本书打算在近期内出版，书的名称为《希尔的黄金定律》。"

出版商说："我是从事杂志印刷及发行的。也许，我可以帮你的忙。"这正是希尔所等候的那一刻，长时间的心血没有白费。

这位出版商邀请希尔到他的俱乐部，和他共进午餐，在咖啡和香烟尚未送上桌前，出版商已"说服了希尔"答应和他签合约，由他负责印刷及发行希尔的书籍。希尔甚至"答应"允许他提供资金并不收取任何利息。

终于，在出版商的帮助下，希尔的书成功出版发行了，希尔因此获得了巨大的经济效益。发行《希尔的黄金定律》这本书所需要的资金至少在3万美元以上，而其中的每一分钱都是从漂亮衣服创造的"幌子"上筹集来的。

除衣着打扮外，魅力也是塑造个人形象不可或缺的部分。如果你能把个人魅力挥洒得淋漓尽致，那么求人办事时阻力就会减少很多。

有一天，有位老妇人来到卡耐基的办公室，送出名片，并且传话，她一定要见到卡耐基本人。卡耐基的几位秘书虽然多方试探，却无法问出她这次访问的目的及性质。同时，卡耐基想到自己的母亲与老妇人年纪相仿，于是决定到接待室去，买下她所推销的东西，不管是什么，他都决定买下来。

当卡耐基来到门口时，这位老妇人微笑着伸出手来和他握手。一般来说，对于初次到办公室访问的人，卡耐基一向不会对他太过友善。因为如果向对方表现得太友善了，当对方要求他做不愿意做的事情时，将很难拒绝。

这位亲切的老妇人看起来如此甜蜜、纯真而无害，因此，卡耐基也伸出手去。到这时候，卡耐基方才发现，她不仅有迷人的笑容，而且，还有一种神奇的握手方式。她很用力地握住卡耐基的手，但握得并不太紧。她的这种握手方式传达了这项信息：她能和他握手，令她觉得十分荣幸，她令卡耐基感到，她的握手是出自她的内心。

老妇人那深入人心的微笑，以及那温暖的握手，已经解除了卡耐基的武装，使他成为一个"心甘情愿的受害者"。这位老妇人只不过握一握手，就把卡耐基用来躲避推销员的那个冷漠的外壳脱下了。换句话说，这位温和的访客已经"征服"了卡耐基，使他愿意去聆听她所说的一切。

在椅子上坐定之后，她立刻打开了她所携带的一个包裹，卡耐基起初以为是她准备推销的一本书。当然了，包裹里面确实是几本书，她翻阅着这些书，把她在书上做了记号的部分都一一念出来。同时，她又向卡耐基保证说，她一直相信，她所念的部分都有成功哲学作基础。

接下去在卡耐基进入能够彻底接受别人意见的状态之后，这位来访者很巧妙地把谈话内容转向一个主题。看来，她来到办公室之前，就早已决定了要讨论这个主题。但是这又是大多数推销人员最常犯的一个错误——如果她把她的谈话顺序颠倒过来，那么，她可能永远没有机会坐上那张舒适的大椅子了。

仅仅是在最后 5 分钟内，她向卡耐基说明她所推销的某些保险的优点。她并没有要求购买，但是，她向卡耐基诉说这些保险优点的方式在对方心理上造成了一种影响，驱使卡耐基自动想要去购买。尽管卡耐基最终并未向她购买这些保险，但她仍然卖出一部分保险。因为卡耐基拿起电话，把她介绍给另一个人，结果她后来卖给这个人的保险金额，是她最初打算卖给卡耐基的保险金额的 5 倍。

不要怪世人以貌取人，衣貌出众者谁能不另眼相待呢？因此在求人办事之前，一定要在个人形象方面多下点功夫，这样做会帮你取得事半功倍的效果。

2. 亲戚还要常走动

求人办事时，亲戚是我们容易求助的对象。生活中很多人对亲戚尤其是一些关系较远的亲戚，常常是没事不走动，有事再登门，就是这个小细节，让他们办事的成效大打折扣。亲戚平时就要常来常往，有事时才好求助。

郭力今年 29 岁了，能力很强，做过几年的生意，小发了一笔。但他不满足，总想干个大点的才过瘾。刚好村里的鱼塘要对外承包，他有心把池塘承包下来，只是手头的资金不够。

他左思右想，想到了他的一个远方亲戚，是他母亲的表弟，按辈应该叫老舅的，在县城承包了一个企业，经营得不错，是县城有名的"土财主"。这位老舅倒是有能力拉他一把，只是关系疏远，好长时间没有走动了，贸然前去，显得突兀不说，事情肯定办不了。怎么办呢？他决定先把关系搞好，和这位老舅亲近起来。他打听到这几天老舅身体不太好，时常犯病，他看准时机，拎了一大包的滋养品，来到老舅家。

"老舅啊，有些日子不来看您了，您老人家怎么病了呢！年纪大了，可要多注意身体，别太操劳了。我这里有点东西，您好好滋补一下，身体肯定会好起来。"郭力非常热情地说，并把东西放到了老舅的桌子上。

俗话说"礼多人不怪"，虽说两家好长时间不走动了，但今天外甥拎了那么多的东西上门，而且是在自己生病的时候，这位老舅心里格外的高兴："郭力啊，你今天能过来，老舅我别提多高兴了。今天中午咱俩喝两杯。"郭力留下热闹一番。

自此两家关系亲近起来。以后郭力隔三差五地来看他的老舅。老舅视郭力如亲生儿子一般。郭力一看时机成熟了。这天他拎了两瓶酒来到老舅那里，两人喝了起来。郭力说："老舅，您老人家对我真是太好了，我都不知道怎么说才好啊。""孩子什么都不要说了，咱两家谁跟谁啊，我是你长辈，往后有什么困难尽管和你老舅开口。别的不说，怎么你老舅也是有身份的人。"郭力听后，故做激动万分之状，并连忙把承包鱼塘的事情说了。

老舅以长者的口吻说："好啊，有志气，有魄力，老舅大力支持……做人就应该干一番事业。想法很好，不过工作的时候一定要慎重，年轻人千万不能急躁。"郭力连忙点头称是，接着把资金短缺的事情也说了出来。最后，郭力顺利地从老舅手里借到了3万元并承包了鱼塘。

在这个例子中，郭力干事业缺少资金，却从一个很疏远的亲戚那里得到了解决。郭力的眼光、求人的方法是很值得我们学习的。

我们都明白，亲戚有贫富远近之分，如果冒昧去求人办事，恐怕办成的几率很小；如果先设法增进双方之间的感情，待时机成熟的时候再提出要求，办成事的几率往往大于前者。

因此，亲戚关系和其他关系一样，在交往中也存在一定的规律，如果遵循这些规律办事儿，彼此的关系就会越来越亲密。所以亲戚间必须常来常往，亲戚"不走不亲"，"常走常亲"，这是中国人一贯的观点，只有经常的礼尚往来，才能沟通联系、深化感情、成功办事。

有人说："我不缺吃不少穿，亲戚间何必要常联系找麻烦呢？"此话不对，亲戚关系是一种人情味较浓的人际关系，不能蒙上庸俗的面纱，只有在亲近、挚密、常联系的基础上，才能建立真诚的关系。如果彼此间少了经常性走动，那就可能会出现"远亲不如近邻"的局面了。

在现实生活中，我们都有过这样的体验：作为亲戚之间的甲方若是一贯地照顾、帮助乙方，而乙方的回报却是不冷不热、不谢不颂的态度，时间长了，甲方必定会生气，认为乙方是不懂人情、不值得关照的冷血动物。若乙方依然以自我为中心，认为甲方帮助他是应该的，那甲方必然会终止与乙方交往。相反，若乙方知恩懂情，虽然没有什么物质好处回报，但经常去帮助甲方做一些力所能及的事情作为感谢，甲方肯定愿意与乙方继续交往下去的。

事实上，不论是一般关系还是亲朋好友，甚至是父母，都愿意听到一句别人对他们的感谢话，虽然他们的付出有多有寡，但受惠人一句滚烫贴切的话对他们无疑是一种心理的补偿。如果你只看重"来"，而轻视"往"，我想以后再想求助于对方也就困难了。

"常来常往"，首先表现在一个"往"字。意思就是说自身要发挥主观能动性，经常到亲戚家走走、看看、聊聊家常，这样是非常有益的。

或许，就是如此平常的"常来常往"，才会在以后的关键时刻，得到亲戚的一臂之力。所以，不要以为"常来常往"是没用的、不必要的，无论从哪个角度来看，于情、于理都要掌握和运用这个技巧。

再举个例子。姜琪在东北某学院上学，在大学四年中，本来知道有一位比较远的亲戚在学院任教，但总是感到好像是要讨好人家，从来没有去拜访过。临毕业了，看到同学们个个找关系，姜琪于是也开始着急了。

　　没有办法，只有硬着头皮去找那位亲戚。待自我介绍完毕后，那位亲戚比较友好地招待了她，并聊起了亲戚的情况。其实姜琪已经将这些都淡忘了，只好含糊其辞。尴尬地坐了一个小时后，那位亲戚说："姜琪，我今天还有事，有空来玩吧。"姜琪一听下了逐客令，感到事情没有办就这样回去了，那不是白来了，于是讲出了自己的想法。那位亲戚一听马上绷起了脸，说："姜琪，学校里对你们都有分配，有些名额是必须要满足的，我也不好参与什么。"姜琪只好灰溜溜地回到了寝室，感叹人情冷暖，世态炎凉。

　　在这里姜琪就犯了求人的大忌。姜琪这位亲戚是她的远亲，而且不常来往，姜琪因为毕业分配之事贸然前去相求，肯定办不成。想想吧，毕业分配对于个人来说是何等重大的事情啊，关系着一生的前途。这样重大的事别说是不常来往的远亲，就是至亲，说到这事那也不能是简单的事情。况且毕业分配人人想找个好工作，大家都削尖了脑袋求门路，这样一件难办的事情要托人跑关系，哪能说办就办。

　　这就是不会办事的表现。如果善于办事的话你就应该未雨绸缪，在此之前就应该多往亲戚家跑跑，过来拎点东西、聊聊天、做些家务，搞好关系的同时还能加深感情，待时机成熟再逐步说出自己的请求。这样不显山不露水，才自然得体，否则临时抱佛脚，谁也不会轻易地答应你的请求的。

　　"是亲三分向"，别管亲戚远近，平时常来常往，多多联系，遇到困难时，他们一定会比陌生人更乐于伸出援手。

3. 求人送礼要有章法

求人办事时，送礼几乎是必不可少的。然而很多人在送礼时都不注意一些细节问题，结果有时送的不合人心意，有时甚至让对方感到尴尬，一些本来可以办成的事也因此没戏了。送礼是一门大学问，我们一定要把握送礼的细节，这样我们才能送的放心，别人也收的开心。

我们生活在一个很大的社会群体中，每一个人都不是孤立存在的，几乎谁都要去求人、去办事。而送礼这一独特的社会形态，在某些情况下，成为达到个人目的的必要手段。

送礼是一件令人感到愉快的事，无论从送礼者和接受者的角度考虑都应如此。要真正做到这一点并不是一件简单的事。几千年流传下来的送礼习俗和人们对事理的认识，逐渐形成了一套独特的送礼艺术，有其约定俗成的规矩，送给谁、送什么、怎么送都有原则，绝不能瞎送、胡送、滥送。它包括所送礼品的形式、送礼的目的、送礼的场合、送礼的时机和收受礼品的礼仪等一系列内容。因此，掌握一定的送礼原则，处理好细节问题，在求人办事中可以减少不必要的麻烦、不必要的尴尬，真正达到送礼的目的。

经济大萧条时期，日本许多实力较弱的中小企业纷纷破产，关门大吉。有一家酱菜店也受到了很大的冲击，经营惨淡，举步维艰。但老板不甘心从此倒闭，可怎样才能从购买力降低而且日益挑剔的顾客中吸引更多的人呢？

经过一番苦思冥想，他想到一个巧妙的方法。老板命人去苹果园预先订购一批苹果，在成熟以前用标签纸贴在苹果上，当苹果完全变红之后，揭下标签纸，苹果上就留下了一片空白。老板就在这苹果身上做起了文章。

当周围几家酱菜店终于无力支撑倒闭之后，这家酱菜店的酱菜销量却大增，顾客盈门，而且还扩大了生产。这一切令同行们惊讶极了。原来，这家酱菜店老板从客户名录中挑选出大约300名订货数量较大的客户，把他们的名字用油性水笔写在透明的标签纸上，请人一一贴在苹果的空白处，然后随货送给客户。

结果几乎所有的客户都对这种苹果感到惊讶并为老板的良苦用心而感动，客户们认为商店真正把他们奉为上帝并且放在了心间。送给每个客户一两个本地产的苹果，实际上花不了多少钱。但客户接到这份礼物都十分感激，其效果不亚于又送了一箱酱菜，因为这一两个颇富人情味的苹果，使客户记住了这家酱菜店。每当水果上市的时候，差不多就是他们向酱菜店订货的时候。

这位老板送礼送得实在聪明，两个小小的温情苹果就打动了客户的心，而他的成功正是由于他把握住了送礼的细节。

说起送礼，里面的学问很大，首先是目标要选准。也许有人说，这很简单啊，谁能为我办事，我就给谁送礼。实际上事情远没有那么简单。

在日常社会生活中选错了送礼对象的人不在少数。比如说把礼物送过去了，事情却没有办成，因为对方并非是起关键作用的人物，所以即便送了礼，也是徒劳无益的。

送礼送给关键人物，不能送张三一点又送李四一点，王五也收到一点，结果礼物分割零散了，分量显得很轻，起不到利益驱动的作用。这还不算，送的对象多了，难免人多嘴杂，天机泄漏，对要办之事有百害而无一益。

所以，在送礼之前，一定要权衡好各位"要人"的利弊，查问好谁对这件事有裁决权，起主导作用，谁是办事的关键人物就把礼物送给谁。礼物送到点子上，要办的事情可能也就迎刃而解了。相反，如果把礼物送给了次要人物，可能就收不到相应的成效。

其次礼品要选好，送礼之前要根据关键人物的日常生活偏好分析他到底喜欢什么礼物。比方说，有的喜欢喝酒，有的爱好吸烟，还有的很高雅，他们对古董、字画、线装书感兴趣，真是人心方圆，各有千秋。要知道，只有给对方送上他十分喜欢的礼物，他才会怦然心动。对方只要怦然心动，就会为你分忧，帮你办事。

再次是礼品的价值问题。一般讲，礼品太轻意义不大，很容易让人误解为瞧不起他。而且如果礼太轻而想求别人办的事难度较大，成功的可能几乎为零。但是，礼品太贵重，又会使接受礼品的人有受贿之嫌。除了某些爱占便宜又胆子特大的人之外，一般人就很可能婉言谢绝；或即使收下，日后必定设法还礼，这样岂不是强迫人家消费吗？如果对方拒收，你钱已花出，留着无用，便会生出许多烦恼，就像平常人说的："花钱找罪受"，事也没办成。因此，以对方能够愉快接受为尺度，礼物大小轻重一定要恰到好处，既要达到求人办事的目的，又要不浪费，以免得不偿失。争取做到少花钱、多办事、多花钱、办好事。

最后我们还要注意以什么名义用什么方法送礼。俗话说："名不正则言不顺"。这里有很多名目。可以借节日送礼，中国的节日很多，如元旦、春节、清明节、中秋节、重阳节，还有外国的圣诞节，都是送礼的好机会。我们也可以借生日、喜日送礼，对于中国人来说，除了节日，生日和婚嫁日也是非常重要的日子，这种时机也不错。当然这里的生日和婚嫁日不一定是被求者本人的，其亲人也可以利用。还有领导生病的时机也应该利用，送礼在病中完成既光明正大无行贿之嫌，而且更能打动对方，办事情自然变得容易得多了。

另外，送礼还有其他的一些说法。

说法一：把送礼的话头推到不在身边的老婆身上。

第二章 求人办事：
别让细节毁了办事的成效

比方说："是啊，我也说，找您办事用不着拿东西，而我老婆却说啥也不干，非让我拿着不可。既然拿来了，就先搁这儿吧，要不然，我老婆准得埋怨我不会办事，回到家也交不了差。"

说法二：把送礼的话头推到对方的孩子身上。

比方说："东西是给孩子买的，和你没关系。别说是来找你办事，就是没这事，随便来串门儿还不一样应该给孩子买点东西吗？"

说法三：把送礼的话头推到对方老人身上。

比方说："你不用客气，这东西是给老爷子买的——老爷子身体最近还行吧？……你方便时把东西给老爷子拎过去得了，我就不再过去专门看他了。"

说法四：把送礼的话头推到托办事的朋友身上。

比方说："这东西是我朋友给你买的，我也没花钱，咱把事给他办了，就啥都有了，咱也不用太跟他客气。"

说法五：把送礼的话头推到对方可能存在的损失上。

比方说："您给办事就够意思了，难道还能让您搭钱破费？这钱您先拿着，必要时替我打点打点——不够用时我再拿。"

说法六：把送给对方的钱说成是暂存在对方手里的。

比方说："我知道，咱们之间办事用不着钱，但万一出点啥岔头需要打点，现找我拿就不赶趟了——所以，这钱先放你这儿，用上了就用，用不上到时候再给我不是一样吗？"

以上这六种说法，都颇有人情味，对方听了，都觉得好受，"有道理"把礼物收下，而没有明显拒绝的理由。

有"礼"走遍天下，只要礼品送得得体，送得到位，求人办事自然也就会顺利得多，你的困难才会迎刃而解。

4. 求人就得矮三分

求人时，很多人放不下自己的身段，忘不了自己的面子，结果就是这个小细节使得他们求人求不动、办事办不成。我们一定要破除这个障碍，扔掉顾虑，这样才能把事办成。

人与人之间的关系从人格上讲是平等的，不过，在具体的交际中，由于交际双方各自的交际目的不同，会使交际者之间出现暂时性的尊卑差别或者叫优势劣势。求方为卑占劣势，助方为尊占优势。俗话说"求人矮三分"，说的就是这个道理。正因为如此，人们一般不到万不得已是不愿求人的。

善于求人者却不会受这种心态左右，他反向利用人性的弱点，别人怕卑微求人，我偏卑微给他们看。这其中首先就必须克服自身的"爱面子"的"恶习"。正如厚黑大师李宗吾先生所说："起初的脸皮，好像一张纸，由分而寸，由尺而丈，就厚如城墙了。"

放下身段，降低自己去求人，也并不是一件容易的事情，这需要你把自己放在卑微的位置，还要把脸皮加厚，抹去羞涩和畏惧。怎么才能做到这一点呢？当然是要搞清楚尊卑关系、求与被求的关系。这个搞清楚了，你自然会减少很多顾虑。

最重要的是，应该根据这种尊卑差别确定自己所应采取的具体的交际方法、手段。特别是作为求助方的交际者，应该清楚地意识到自己的卑微地位，一言一行、一举一动都要与自己的这种地位相吻合，否则，如果把尊卑关系误认为是平等关系，甚至于颠倒了尊卑关系，以卑为尊，就会做出失礼之举，有碍正常交际，更是求人办事极大的障碍。

站在求人的位置来讲，你是卑者。那么，第一你应该主动到对方那里去求见，而不应被动地等待或发号施令让别人到你这里来。

诸葛亮是一布衣平民，而刘备是汉朝将军，其二者社会地位的尊卑是不言自明的。不过诸葛亮这时并不是刘备的属下，所以尽管尊卑差别很大，也是井水不犯河水。刘备见诸葛亮的目的是想让他"展吕望之大才，施子房之鸿略"，帮助自己成就大业，所以刘备是求方，诸葛亮是助方。刘备不以原来的尊卑差别为念，只讲求助关系上的尊卑差别，屈千乘之尊三顾茅庐，把尊的地位让给了诸葛亮，这是为人们所称道的。如果只讲原来的尊卑、差别，不顾交际求人上的尊卑差别，像张飞所说的那样："使人唤来，他如不来，我只用一条麻绳缚将来。"那么刘备就得不到诸葛亮这一大贤，这一点是必定无疑的。

第二，在约见时，你要先于对方到达，并要主动去等对方，不要让人家等你。

《史记·留侯世家》中记载，张良因兵法之事有求于一老父，老父与张良约见时，两次张良都去晚了，张良因此遭到了老父的责怪。第三次约见时，张良再也不敢去晚了，就在约定地点等老父，老父到后，送给了张良一部《太公兵法》。张良如果仍是以往的态度，兵法是不会到手的。当然，这里要求张良等待老父，除了因为有一层求助关系外，还有一层长幼关系。

第三，在对方实施帮助完毕时，你要向对方表示感谢，这一点是千万不可忽略的。

如果有机会，你还要主动给予对方帮助，以示报答。投桃报李，礼尚往来是交际的一个重要原则。求方应牢牢记住助方给予自己的帮助，做到"受恩莫忘"。滴水之恩，当以涌泉相报，这是交际中品德高尚的人所应遵循的准则。"毛宝放龟而得渡，隋侯救蛇而获珠"，这些神话传说就是对这种报恩精神的浪漫化写照。《史记·淮阴侯列传》记载，韩信为布衣时，自己不能养活自己，一位洗衣物的老大娘见韩信非常饥

28

饿，就把自己的饭分给韩信吃，韩信做了大官后，赐给这位老大娘千金来报答她的恩情。

搞清尊卑关系非常重要，但仅此还不行，重要的还在于要增厚自己的"脸皮"，这里的关键是不能自视太高。

1923 年，美国福特公司有一台大型发电机不能正常运转了，公司里的几位工程技术人员百般努力都无济于事，眼看要影响到整个生产计划。福特心里焦急万分，他只得到一个小厂里去请一位很傲慢但据说对电机很内行的德国籍科学家。

这位科学家名叫斯特曼斯，他来到福特公司后只要了一架梯子和一根粉笔，然后爬上爬下在电机的各地方静听空转时的声音。不久，他用粉笔在电机的左边一个小长条地方画了两道杠杠，对福特说："毛病出在这儿，多了 16 圈线圈，拆掉多余的线圈就行了。"

福特公司的技术人员半信半疑，抱着试试看的态度去做。不料电机果真奇迹般正常运转了。大家都对斯特曼斯表示感谢。斯特曼斯却傲慢地说不要感谢，只要 1 万美元的酬金，并对目瞪口呆的人说："粉笔画一条线不值 1 美元，但知道该在哪里画线的技术超过 9999 美元。"

福特心里清楚，斯特曼斯尽管傲慢，会使他失面子，但却是真正的人才，是企业走向发达的根本之所在，所以他不仅愉快地付了 1 万美元酬金，而且表示愿用高薪相聘。谁知斯特曼斯毫不为其所动，根本没有给这个"汽车大王"面子。他说他现在的公司曾在他最困难的时候救过他，他不可能见利忘义背弃该公司。

福特一听，更觉得斯特曼斯讲信用、重情义，如此人才是企业所必需。于是，福特毫不犹豫地花巨资把斯特曼斯所在的公司整个买了下来。以福特之地位和财势，竟"放下身段"忍受斯特曼斯的冷嘲热讽，是因为福特清楚成大事者必以人为本，斯特曼斯便是他赚取更多钱财的无价之宝。

要想求人必须厚起"脸皮"，放下"身段"。人的"身段"是一种"自我认同"或者叫"面子"。其实爱面子并不是什么不好的事，但这种"自我认同"也是一种"自我限制"，也就是说："因为我是这种人，所以我不能去做那种事"。而自我认同越强的人，自我限制也越厉害，千金小姐不愿意和贫女同桌吃饭，博士不愿意当基层业务员，高级主管不愿意主动去找下级职员，知识分子不愿意去做"不用知识"的工作……他们认为，如果那样做，就有损他的身份。

遇到困难时，求人办事既然是不可避免的，那么何妨就低一低，不必为了"身段""面子"把自己弄得无路可走，这才是聪明人的做法。

5. 求人方法因人制宜

在求人办事时，有一个细节被很多人所忽略，那就是求人方法要因人而异，要耐心揣摩对方脾性，针对不同性格的人采用不同的求助方法。

下面我们列举了与几种典型性格的人打交道的方法，大家不妨参考一下：

（1）表现欲强的人

在社会交往中，"好出风头"的人不少。这种人狂妄自大，自我炫耀，自我表现欲非常强烈，总是力求证明自己比别人正确、比别人强。当遇到竞争对手时，总是想方设法地挤兑人、不择手段地打击人，力求在各方面占上风。人们对这种人，虽然内心深处瞧不起，但是为了顾全大局，为了不伤和气，往往处处事事迁就他、让着他。

一味地迁就忍让也是不合适的。中国人总是追求一种和谐，谓之"和为贵"。这无疑是人际交往中一个重要的标准和目标。为了顾全大局，求大同、存小异，在某些方面做一些必要的退让，应该说是一种比较聪明的处理方式。"和"无疑是必要的，但如何去获得"和"，则有不同的方式。"让"是一条途径，"争"也不失为一条途径。殊不知，有些争强好胜的人并不能理解别人的谦让，反而认为别人懦弱，由此变本加厉地瞧不起别人，不尊重别人。

对这样的人，不能一味地迁就，而应使他知道天外有天、山外有山。迁就只适合那些比较通情达理的人，而对于过于狂妄、失去自知之明的人，不妨给他点儿厉害，挫挫他的傲气。待挫败他的锐气后，你再向他提出请求，他也就不会再摆太大的架子了。相反你挫了他的锐气，他对你会另眼相看，反倒更真心为你办事。

（2）性情暴躁的人

所谓性情暴躁的人，通常指的是那种好冲动，做事欠考虑，思想比较简单，喜欢感情用事，行动如疾风暴雨似的人。这种人没有太多的心计，喜欢直来直往，不会转圈，同时他也不会为别人考虑太多。也正是这样，这种人容易被得罪也容易得罪别人。许多人都不愿意和这种性情暴躁的人来往。其实，这是一种对人认识不足的偏见。

首先，这种人常常比较直率。肚子里有什么，也就表现出来，不会搞阴谋诡计，也不会背后算计人。他对某人有意见，会直截了当地提出来。所以，与其和那些城府较深的人相处，还不如与这种人打交道。

其次，这种人一般比较重义气、重感情。只要你平时对他好，尊敬他，视之为朋友，他会加倍报答你，并维护你的利益。所以，和这种人交往，不一定非要那么客套，或讲什么大道理，你只要以诚相待，他必定真心相对。

最后，这种人还有一个特点，即喜欢听奉承话、好话。所以，在与其交往中，宜多采用正面的方式，而谨慎运用反面的或批评的方式。这样，往往可以取得更好的效果。

在求助于这种人的时候，不必含蓄，不必讲太多的技巧，有什么说什么就可以了。平时交往过程中对他义气些，搞好彼此的关系，有事情的时候你去求他，只要能做到，一般他不会袖手旁观的。你可以直接说："某某某，我有点事情要你办，如果你能做到的话，就帮我一下吧！"你可以真诚一些，说一些好听的话，这样十有八九，他会欣然帮助你的。

（3）傲慢无礼的人

在日常交往中，有些人往往自视清高，目中无人，表现出一副"惟我独尊"的样子。与这种举止无礼、态度傲慢的人打交道，实在是一件令人难受的事情。可是，如果我们有事相求而不得不与这种人接触，又该怎么办呢？

有人说，对这种人就必须以牙还牙。他傲慢无礼，我便故意怠慢他。这种做法在有些时候也许是必要的，但它通常感情成分大，甚至是感情用事，似乎对方的傲慢清高对我们是一种侮辱，于是，我们也要用这种方式去回击他。但理智现实地思考一下自己的处境和目的，我们就会发现寻找适当的接近方式让他认可接纳你才是我们的上上之策。因为，如果他傲慢，你怠慢，便很可能使交往无法进行下去，这显然对我们不利。所以，我们应该从如何使自己办事成功出发来选择自己的行为方式。

对此，最合适的方式有三条：

其一，尽可能地减少与其交往的时间。在能够充分表达自己的意见和态度，或某些要求的情况下，尽量减少他能够表现自己傲慢无礼的机会。一次就把事情搞定是最好的。这样，对方往往也会由于缺少这样的机会而收敛自己的气焰从而不得不认真思考你所提出的问题。

其二，语言简洁明了。尽可能用最少的话清楚地表达你的要求与问题。这样，让对方感到你是一个很干脆的人，是一个很少有讨价还价余地的人，因而约束自己的行为，不会太放肆。

最后，不要认为对方对你客气，你就认为他热情有礼貌，他多半是缺乏真心的。最好在不得罪对方的前提下，达到你的目的，所以和这样的人说话办事一定要小心谨慎。

（4）自私自利的人

所有的人在社会交往中，都讨厌那种自私自利、不顾别人的人。因为这种人心中只有自己，凡事都将自己的利益摆在前头，从不肯为别人有所牺牲。但在日常交往中，遇到这样的人，该办事时还得办事。

自私自利的人尽管心中只有自己，特别注重个人的得失和利益，但是，他们也往往会因利益而忘我地工作。我们对他们不必有太高的期望，也没有必要希望他们能够像朋友那样以义为重，以情为重。与这类人的交往可以仅仅是一种交换关系，干多少活，给多少利，干得好坏不同，利也不一样。人们之所以普遍地对这种自私自利的人感到厌恶，在很大程度上都是由于仅仅按道德标准去衡量人，以其作为社会交往的准绳。这不能不说是片面的。社会交往除了道德标准还有价值标准。当我们以一种利益标准去衡量他时，你就不会在任何时候都对他们"敬而远之"了。

从另一个角度看，自私自利的人也有他们的特点——善于算计。如果我们能够通过适当的方式，将他们这种特点加以引导利用，也可以发挥优势，为我们做一些事情。例如，让这种自私自利的人做义工，服务一些人，他肯定不会答应。但是如果让他干一些财务工作，由于对他的胃口，他也乐意做。在有严格约束的情况下，他们往往会成为集体的"守财奴"，这样岂不是一件好事吗？

（5）态度冷淡的人

生活中常常有这样一些人，他们往往是我行我素，对人冷若冰霜，他不会注意你在说什么，甚至你会怀疑他有没有听进去。和这类人打交道，的确让人感到不自在、不舒服，但出于工作、生活的需要，我们又往往不得不求助于他，那么，在这种情况下，出于维护自尊心的需要，我们是不是也要采取一种相应的冷淡态度呢？

从形式上看，似乎他怎样对你，你也可以以同样的方式去对待他。但是，这种想法是不恰当的。首先来说是我们有事情求助于他而不是他求助于我们，用前面章节的话来说就是尊卑关系，优势劣势很明显，以冷淡对待冷淡对我们求人办事有害无益。

其次，他们的冷淡并不是由于他们对你有意见而故意这样做，而是他们性格的一种自然表现。尽管你主观上认为他们的做法使你的自尊心受到伤害，但这绝非是他们的本意，他们也没有意识到对你的伤害。因此，你完全不必去计较它，更不要以自己的主观感受去判断对方的心态，以至于也做出冷淡的反应。这样，常常会把事情弄糟。

其实，尽管冷淡死板的人一般说来兴趣和爱好比较少，也不太爱和别人沟通，但是，他们还是有自己追求和关心的事，只是别人不大了解而已。所以，在求他之前和办事之中，不仅不能冷淡，反而应该多花些工夫，仔细观察，注意他的一举一动，从他的言行中，寻找出他真正关心的事来，尽可能地了解他。一旦触到对方所热心的话题，他很可能马上会一扫往常那种死板冷淡的表情，而表现出相当大的热情。而这时候也是你们关系最融洽的时候，提出要求自然容易满足。

另外还应该注意的是，在这个过程中需要更多的是耐心，要循序渐进，要设身处地为他们着想，维护其利益，逐渐使他们去接受一些新的事物，从而调整和改变他们的心态。这样，遇到事情托到他们头上时，我们也不会轻易碰钉子。

求助于人时一定要学会"看人下菜碟"，根据对方的个性制定求助策，这样才能提高办事成功的几率。"百人百脾气"，你要求助之人的性格当然不限于这几种，所以你要学会先研究人再求人，这样办起事来才会游刃有余。

第三章 正确决策：
别让细节毁了大事的抉择

　　决策关乎个人命运、事业成败、企业存亡，一个决策带来的影响是极其深远的。所以在做决策时一定要慎之又慎，方方面面的问题都要考虑到，再小的细节也不能忽视，再小的错误也不能放纵。除此之外，还要消除自身可能对决策产生影响的小毛病、小问题。如此一来，才能在大事面前做出正确的抉择。

1. 一招不慎就会满盘皆输

正确的决策要求决策者不但能够统观全局，而且还要能够注意各个细节的微妙之处，以发展、变化的眼光注意各个细节的随时变化，并能预测其变化之后对全局的影响，做到有的放矢。如果稍微忽视其中的一个细节，就很可能导致决策失误，造成巨大损失。正所谓"一招不慎，满盘皆输"就是这个道理。

坐过上海地铁的人，一定都知道上海地铁二号线的故事。上海地铁一号线是由德国人设计的，看上去并没有什么特别的地方，直到中国的设计师设计的二号线投入运营，才发现一号线中有那么多的细节在设计二号线时被忽略了。结果二号线运营成本远远高于一号线，至今尚未实现收支平衡。

上海地处华东，地势平均高出海平面就那么有限的一点点，一到夏天，雨水经常会使一些建筑物受困。德国的设计师就注意到了这一细节，所以地铁一号线的每一个室外出口都设计了三级台阶，要进入地铁口，必须踏上三级台阶，然后再往下进入地铁站。就是这三级台阶，在下雨天可以阻挡雨水倒灌，从而减轻地铁的防洪压力。事实上，一号线内的那些防汛设施几乎从来没有动用过；而地铁二号钱就因为缺了这几级台阶，曾在大雨天被淹，造成巨大的经济损失。

德国设计师根据地形、地势，在每一个地铁出口处都设计了一个转弯，这样做不是增加出入口的麻烦吗？不是增加了施工成本吗？当二号线地铁投入使用后，人们才发现这一转弯的奥秘。其实道理很简单，如果你家里开着空调，同时又开着门窗，你一定会心疼你每月多付的电费。想想看，一条地铁增加点转弯出口，省下了多少电，每天又省下了多少运营成本。

从这两个细节中，我们就很容易发现两条地铁线之间的巨大差距，而事实上，上海地铁一号线和二号线之间的细节差距远远不止这两条。就是这一点点的细节差距造成了二号线地铁运营亏损，支大于出的财政尴尬局面。

从设计者的角度讲，中国人的智慧不比德国人差，毕竟中国人也被称为世界两大智慧人种之一，可为什么在地铁设计中差距如此之大？原因当从细节说起。中国人的工作认真和精细程度，比起德国人的严肃、认真、一丝不苟差得很远。甚至比起日本人都稍逊一筹。日本人在机床操作训练中，每个工人在按电钮之前都必须认真考虑三秒钟才可以按下电钮，否则就会被一脚踢倒。中国的许多工厂请日本的专业人员培训员工时，都难以接受日本人的这种刻板和精细。许多中国工人也正是因为自己的不够严谨没少挨日本培训人员的"一脚踹"。但优点就是优点，任何一个优点都值得学习。因为，就连中国的古人都告诫过后人"一招不慎、满盘皆输"，然而中国的后辈仍常常忽略细节。

随着市场经济的进一步深入，国际竞争的全球化扩展，未来的竞争将趋向于细节的竞争。

企业只有注意细节，在每一个细节上做足功夫，建立"细节优势"，才能保证基业常青。任何一个决策没有注意到细节的发展变化都很可能使一个优势企业沦落为劣势企业，一个劣势企业瞬间瓦解。

一个公司在产品或服务上有某种细节上的改进，也许只给用户增加了1%的方便，然而在市场占有的比例上，这1%的细节会引出几倍的市场差别。原因很简单，当用户对两个产品做比较之时，相同的功能都被抵消了，对决策起作用的就是那1%的细节。对于用户的购买选择来讲，是1%的细节优势决定那100%的购买行为。这样，微小的细节差距往往是市场占有率的决定因素。

日本 SONY 与 JVC 在进行录像带标准大战时，双方技术不相上下，SONY 推出的录像机还要早些，两者的差别仅仅是 JVC 一盘带是 2 小时，SONY 一盘带是 1 小时，其影响是看一部电影经常需要换一次带。仅此小小的不便就导致 SONY 的录像带全部被淘汰。

微软公司，这个企业界的神话，它的管理理念也就像它的名字"微中见大，软中寓刚"。"微"，即小中之小，但它又是大中之大，产品一出，风行全球。"软"，即柔，但它以柔克刚，击败众多竞争对手，成为业界老大。对于每一套产品，微软为什么每年都要投入几十亿美元来改进开发新版本？就是要确保多方面的优势，不给竞争者以可乘之机。这就是微软从细节处入手，做出决策创造企业业神话的秘诀。

这是一个细节制胜的时代：

·国际名牌 POLO 皮包凭着"一英寸之间一定缝满八针"的细致规格，20 多年立于不败之地；

·德国西门子 2118 手机靠着附加一个小小的 F4 彩壳而使自己也像 F4 一样成了万人迷……

·宁波市一位副市长在飞机上因帮助一位香港客商捡眼镜而引进巨额投资。

……

我们已经生活在"细节经济"时代，细节已经成为企业竞争最重要的表现形式，所谓"针尖上打擂台，拼的就是精细"。

作为一个企业的领导者，决策权握于掌中、出于口中、成于脑中，任何一个细节都影响着决策的成败，而任何一次决策的成败也都源于对细节的精确掌控力。要正确做出决策必须要注意细节中蕴藏的天机，以防功亏一篑。

2. 细节中潜藏的决策魔鬼

任何一个战略决策和规章法案，都要想到细节，重视细节。任何对细节的忽视，都可能导致决策失误。因为，细节中潜藏的决策魔鬼会戏弄不注意它们的人。

美国是全球因特网革命的领导者，但宽带目前在居民家庭中的普及率并不高。

美国以 1996 年颁布的新《电信法》为基础的宽带政策规定：美国各地方电话公司必须将其网路拿出来供宽带运营商共用，意在通过这样的管制，鼓励 ADSL（数位用户线）等采用电话交换系统参与宽带业务领域的竞争，以大大降低"最后一英里"的连接费用。然而，这一政策忽视了一些细节问题，成为阻碍宽带网入户的重要原因。

在几年前，网络建设过热，美国曾出现"跑马圈地"的宽带建设热潮。出于对电信容量将迎来爆炸式增长的期待，电信业投资旺盛，然而宽带业务却一直未能形成足够的需求，结果导致电信能力过剩。电信业入不敷出，无法收回投资，日子很不好过，世通、环球电讯等电信巨头纷纷申请破产。

受政策上"最后一英里"障碍的限制，大量闲置的宽带主干网络未能接入用户家庭。因为与窄网不同，宽带入户需要更多的设备建设投资。美国各地方电话公司出于自身利益考虑，不愿意花钱铺设线路而让他人坐享其成，而参与竞争的宽带网运营商因网络泡沫破灭，本来就自身难保，无力投入巨额资金。此外，宽带政策中的混乱与不统一，也影响着宽带最大程度地进入居民用户。如对于以有线电视方式提供宽带服务的运营商，就不要求其与竞争对手分享网络设施；而整个宽带业务行业与影视娱乐业等内容供应商之间也存在矛盾，互相制约。正是这种决策上的失误，导致了美国宽带业务发展缓慢。

如果说麦当劳、肯德基、沃尔玛、丰田汽车公司、奔驰公司等常胜不衰是一个个世纪奇迹，不如说是一个个细节奇迹。企业的失败固然有战略决策失误的原因，但更重要的原因是细节上做得不够。而且，就决策做出的依据来说，决策失误也是由于细节不到位造成的。几乎所有成功的企业，无一例外是横平竖直，字正腔圆的。正如麦当劳总裁弗雷德·特纳所说："我们的成功表明，我们的竞争者的管理层对下层的介入未能坚持下去，他们缺乏对细节的深层关注。"

中国不缺少雄才大略的战略家，缺少的是精益求精的执行者；不缺少各类管理制度，缺少的是对规章条款不折不扣的执行。不注意细节的决策和施行必将引导悲剧的上演。细节中潜藏的魔鬼既可以将你送入天堂，又可以将你引入地狱。有的人注意细节，结果一夜崛起。有的人却忽视细节，一朝落败。

一家大型企业的人事部要招一名资源管理部主管，招聘当日，现场人满为患，地上散落的废纸被应聘人员的鞋底踩的狼狈不堪。接近尾声的时候，招聘方的人事经理看见不远处的一个人正由远而近地边走边捡地上的废纸。当他来到经理的面前，这位经理问他为什么要捡这些废纸，它们已经是被利用过的。他回答道："这些纸虽然已经利用过了，但另一面仍然可以再利用，否则就太可惜了。"这位经理脸上这才浮现出欣慰的笑容。原来，那么多的应聘者中，没有一个人注意到这个细节。而这个细节正是招聘设置的一道无声的考题。因为资源管理部的主管就是负责管理资源，避免浪费的。在诸多的应聘者中，一开始那么多人却没有一个人注意把废纸捡起来等待再利用，确实让这位人事经理很头痛。不用说只有这个捡废纸的应聘者获得了这个职位。

一个企业的盛衰源于细节，一个人的起落源于细节，一个决策的正误同样源于细节。关注细节中潜藏着的那个魔鬼并非所有人都能够做到。因为既是细节就很难放在表面上让人一眼就能看到。而既然是魔鬼当然就有它该有的威力，天堂和地狱的归属只凭它的一个指头就可以划定界限。

当初中国从日本进口缝衣针的时候，好多人都感到惊诧：一根针还要买日本人的？看到了日本的针才发现，我们常用的针是圆孔，而日本的针是长条孔，这是为照顾老人们眼花而设计的。上海内环高架桥不允许1吨以上的小货车上桥，一个月以后，0.9吨的日本小货车就在上海接受订单了。这些都说明了日本的企业十分注重细节。在实际操作中，要做到这些是不容易的，因为只有营销部、生产部、物料部、采购部、研发部、制造部通力协作，才能将这件事做好。但是如果你在决策和设计的过程中，根本就没有考虑过，恐怕你连市场的残羹剩饭也吃不上一口了。

3. 不要因为小问题改变决策

一条船在海上航行，遇到风吹浪打是再平常不过的事。作为掌舵的船长，是否可以因为稍遇风浪就让航船改变行进的方向？当然不可以。同理，一个企业在商海中搏击，稍遇风险，决策的执行是否就可以中止或废弃？企业的决策者是否就可以让决策案朝令夕改？

当然，企业环境不断地变化，公司决策当然也需相应地改变。然而任何决策的成败，均需经过相当时间的证明。如果作为领导的你，只有积极性但缺乏耐心，别人花费许多时间所策划的方案实行三天之后就被取消，或者花费数个月酝酿的计划因为访客的一句话而告全盘推翻，你的做法或许可以解释为当机立断，但你永远不会了解，决策是一个过程，要有执行和检查以及纠偏等阶段。对一个决策，如不能认真执行并善于总结，你便会发现，尽管公司上上下下都很忙，但是在忙着收拾残局，忙着在挖东墙补西墙。结果却仍然是毫无成效，甚至使公司陷入困境。

若一再地修改决策已经成了你的习惯时，这显示出你的不胜任。因为，如果一个人对事务无法做出有效的判断，过于优柔寡断而无法下决定，这个人根本不适合担任领导职务。员工也会因此而厌倦工作。

影响决策改变的主要因素，通常来自于大环境的改变，包括董事长的想法、客户的想法改变了，政府的决策变了，经济环境出现波动等等。但是这都是有脉络可循的，决策绝不应该平白无故就出现180度的大转变。

更糟的情况是，你的决策过程有问题，因为你并非依据一定的程序，例如搜集资料、分析讨论来做决策，而是照个人的喜好与直觉做判断。

决策并非你一人便可决定，因担任管理职务久了，你可能欠缺对于第一线业务或信息的掌握，所以正常的决策过程，必须借助部门上下的讨论与共识，而不是你的独断专行。

一个组织的文化和中短期目标，在决策过程中扮演着相当重要的角色，如果一个组织连自己要卖牙膏还是卖计算机都不清楚，想必决策一定是朝令夕改、摇摆不定。

刚上任的你一开始或许因为承受过多压力，多少会出现决策摇摆不定的状况，但是如果到了朝令夕改的程度，那么你就很难在领导岗位待下去了。

若真为了大环境的改变，迫使你必须随时弹性地改变策略时，如何不让部属觉得朝令夕改呢？此时，你与部属之间因平日的沟通而建立的互信基础便是关键所在。

平时你未能善意经营，导致组织内缺乏互信，待决策必须弹性应变时，才要求员工配合、支持，当然太迟了，自然会被视为朝令夕改。

所以你应该注意与部属做定期的沟通，对细节性问题商讨，对彼此的理念与意见有一定程度的了解，对任何重大事项都能交换意见，才能坚持"无突袭"决策，任何决策的宣布都不会显得随意且突兀，避免造成部属的信心危机与认知冲突。

"治大国若烹小鲜"是非常有名的格言。1987年，美国总统里根曾在年度国情咨文中引用。新日本制铁公司总经理武田丰在1988年开发国家五国财长会议结束后，针对日元升值的日本经济形势也引用这句名言，批评财界不采取稳妥政策，造成外汇市场急剧动荡，使经济发展遇到麻烦。

"治大国若烹小鲜"，喻示着为政的关键是恬淡无为，不扰害百姓。在企业管理中，万不可朝令夕改，随欲而行，必须小心谨慎。因为，有时你觉得只是一个小小的改动，员工便会无所适从，那就更谈不上提高工作效率了。

企业决策在执行过程中一定会遇到诸多细节问题，但如果它们不足以成为运行障碍的话，完全没有必要去改变决策。就如微风吹到树枝上，必然会让树枝摇一摇，但不可能因为树枝被吹的摇了几下，就让大树另择土壤而生一样。

作为企业的决策者，你必须关注细节，但不能因细节的变动让决策朝令夕改。如果这样做了，你的威信就会在无意的变动中降到最低。微风何以撼大树？"微风"的来临是一个讯息，但讯息的价值必须由你做出评判，将一个无足轻重的讯息放在足以改变决策的位置是一种愚蠢的举动。所谓细节决定成败，正是要求你在决策过程中适当把握细节，既不能对细节视若无睹，又不能草木皆兵。

4. 做一个细心的父母

每个人都有其固有的潜质和天赋，一个留意孩子天性和意趣的父母往往可以从许多细节中发现孩子的长处，因势利导，培养出一个优秀的人才。反之，就会把一个人才白白浪费掉。

在教育孩子的过程中，任何一个父母在做出教育决策前都应该好好留意一下自己的子女，观察他们从细节中透露给你的信息，千万不可主观臆断，强硬施教。

卜镝，8 岁时获全国儿童画比赛一等奖，9 岁时出版新中国第一本个人儿童画集，并先后在青岛、深圳、香港、澳门、台湾、荷兰、德国等地举办个人画展。父母在他幼年时发现儿子热爱观察大自然，从而引导儿子走上了画画的道路。

卜镝的父亲是位画家，当卜镝 3 岁的时候，他就随父亲开始学画了。

在家里，爸爸全身心地投入到艺术的创作中，画案上总是摆着笔墨和颜料。小卜镝经常站在爸爸身边目不转睛地看着爸爸做画，甚至会偷偷地画上两笔。爸爸发现了这个细节后，就把他抱在小凳子上，在小桌子上铺上白纸，让他尽情地画。卜镝画画特别用力，小手紧紧地抓住彩笔，在纸上画着各种圈圈和道道，大胆极了。有时纸上画出了各种图形，卜镝便指着这些图形对爸爸说："这是小鸟、这是老牛……"爸爸拿着儿子的涂鸦，认真地看着，发现他确实有一些天赋，然后很高兴地夸奖道："画得很好。"小卜镝受到鼓励，更加起劲地画起来。

4 岁时，每天从幼儿园回来，卜镝都要和爸爸一起画画，爸爸给他各种各样的工具——铅笔、毛笔、蜡笔，让他随心所欲地画，有时给他一张很大的纸，他就全身用力地画起来。

一天，爸爸下班回来，看到地板上涂满了密密麻麻的粉笔道子。孩子们因为怕把屋子弄脏了而受到批评，藏在壁橱里。爸爸弯下腰仔细一看，不禁高兴地叫起来，"画得太好了！"卜镝画了他自己和森林里的动物伙伴们一起捉迷藏，妹妹卜桦画了一群穿着裙子，头束彩带的小鸟，围着五彩的太阳飞舞，一个小姑娘在花丛中跳跃，而且还起了个题目，叫做"太阳、小鸟、花和我"。

爸爸被这迷人的画吸引住了，高兴地抱起他们亲了又亲，说："好极了！你们为什么不画在纸上，而画在地上呢？"两个孩子天真地说："我们是画着玩的。"

出于真诚的鼓励，也为培养兴趣，激发起孩子的灵感，卜镝画画时，爸爸从不让他临摹照抄现成的形象，特别是社会上流行的卡通形象，而是让他自己去观察、感受、体验，再画出自己心中的世界。也从不限制他，如用什么工具，怎样构图，透视和比例如何等，使孩子不受成年人对绘画传统的观念、法则、创作方法的束缚，并且真心地赞美每一幅充满童趣的作品，尽管人画得比房子大，不合比例，但这正是儿童画所特有的不合理的合理，表现了儿童的稚拙、大胆。

正是这种教育方法才使卜镝的画中显示了更多个性的东西。而在整个教育过程中，对于细节的把握，是每一位为人父母者都应该学习的。

卜镝的爸爸培养卜镝画画，不是手把手地教他绘画技巧，而是在每一个细节中都不忘给孩子以独立创新的空间，让他在丰富的童年生活中，在接触各种艺术形式中，用自己的眼睛、自己的心灵、自己的双手去体验、发现和表现生活中的美。

观察能力是学习与创作的基础，在儿童尚未形成健全的逻辑思维能力的时候，通过绘画培养孩子的观察能力是非常有效的。它有助于孩子们从更宽的角度，更多的细节去分析世界、评论世界、表现世界。

孩子的这种天生的心理欲望，是学习方向的基础。指导者、家长或老师，能积极地把它引导到正确的创作轨道上去，就会出现良好的效果。

尤其是孩子的启蒙老师——家长，更应该密切关注孩子活动中的各个细节，这样可以帮助你确定正确的教育策略。

有的家长常常会把自己的眼光与社会潮流联系起来，认为社会的潮流就是教育指向，指导自己的子女常常是什么紧俏学什么、什么赚钱学什么，丝毫不在意孩子的天分，主观地认为自己的决断不会出错，孩子的兴趣是培养出来的，逼着他学就一定会有效。殊不知兴趣是可以培养，但把一项完全轻而易举就能获得的技能潜力弃之不用，而另择他途，岂不可惜？再则即使现在非常走俏的一项应用技术，若干年之后是否仍然有它的立足之地，还是个未知数。因此，"羊群效应"是万万要不得的。

教育领域和其他领域一样，能够久盛不衰的领头军永远都是那些避开"羊群效应"独占先机的人。根据孩子的天分制定教育决策的父母是聪明的父母，他们的教育成果必然是丰硕而踏实的。关注孩子成长中的每一个细节是父母的责任。

第四章 处理难题：
别让细节毁了成事的契机

　　善于解决难题的人总是具备更周密的思维和更善于发现契机的慧眼。他们会留意任何一个细微的变化，把握每一个细小的环节，利用这些细节化繁为简，变难为易，让一个个难题因此而轻松解开。

1. 解决难题要从细节入手

生活中很容易遇到许多难题，这些难题还都是必须解决的。而解决难题的突破口往往不是从全局入手，更多的时候从细节入手更容易让难题迎刃而解。

比如说你要打开一个密室的门必须首先找到那个有用的机关，而这个机关往往是最不易被察觉的。单从整体摸索很难找到突破口，只有细心的人才可以发现开启机关的通道。粗心大意、不重小节的人之所以不成功，是因为他们不注意自己身上存在的细节性致命缺点造成的。

1930 年，我党的一位干部在广西右江领导革命工作。有一天傍晚，他出去执行临时任务，途中被敌人发现，有一个连的敌人在追击他，情况非常紧急，他在躲避敌人的时候一不小心还把腿摔伤了。在这千钧一发之际，我地下党一个外号叫"金钢锥"的交通员恰巧经过这里，发现受伤的同志，立即将他背起来，渡过附近的一条小河，钻进了离岸边不远的一个旧瓦窑里。瓦窑里不仅阴暗潮湿，蚊子还特别多，两人进去后虽然被许多蚊子叮咬，却还能坚持。可是他们又一想，如果敌人进来搜查，两个人肯定会被敌人逮住。就在这时，他想出了一个迷惑敌人的好办法，令追赶的敌人来到窑洞口时，根本就没有进去搜查。

他们两人悄悄来到洞外，在附近找了许多善于结网的花背蜘蛛。他们把蜘蛛放在洞口，没过多长时间，蜘蛛就结了好几张大网。然后，两个人又挥动衣服向外驱赶蚊子。不一会儿，新结好的几张大网就粘上了不少蚊子。两人布置好一切之后，追赶的敌人搜查到了窑洞口。连长见窑洞里黑漆漆一片，便命一个排长进去瞧瞧，排长害怕，便指派班长，班长又去命令士兵，士兵无奈，只好胆战心惊地走向洞口。来到洞口以后，立即发现窑洞口结满了蜘蛛网。于是，他赶紧回来报告说："洞口上的蜘蛛网都没破，不可能有人进到里面去。"连长听后觉得很有道理，便带着队伍到别处去搜查了。

想想，假如是你遇到了这样的难题，你能否很快想到这样的办法救自己的命？多数人只是知道蜘蛛可以织网，在关键时刻却不会想到蜘蛛网还会有这样的妙用。蜘蛛网虽小可作用很大，犹如细节虽小却影响很大一样。敌人根据蜘蛛网没破这样的细节断定洞里无人，失去了一次立功的机会，这恰恰是我方战士利用细节迷惑敌人的一个胜利，这个细节在我军战士的手中成了处理难题的一大利器。蜘蛛网也可以救人，听起来似乎悬疑，却在生活中真实地上演了一幕活话剧。

生活中，许多小事都值得我们关注，因为这些细节性的小事情往往可以成就大事。

在鲁班之前，不知有多少人被长着锯齿的草叶割破过腿、胳膊，但是只有鲁班在被这种草割了胳膊之后，才依据草叶的锯齿形状发明了锯。

在牛顿之前，不知有多少人看见苹果从树上掉下来，但惟有牛顿看见苹果从树上掉下来，才发现了地球引力，进而发现了万有引力。

与其他人相比，鲁班、牛顿就是一个在细节中成就自己的人。

一位年轻人最初在一个律师事务所供职三年，尽管没获得晋升，但他在这三年中，把律师事务所的一切工作都学会了，同时拿到了一个业余法律进修学院的毕业证书。不少在律师事务所里工作的人，如果以时间论，他们的资格已经很老了，可是他们却收获甚微，仍然担任着低级的职位，拿着低级别人的工资。两相比较，同样是年轻人，前者就是因为对工作注意观察、仔细谨慎，并能利用业余的机会加以深造，终于获得一定的成功；但后者却恰恰相反，所以就难有出头之日。

难题之所以成为"难"题，是因为大多数人都不能解决，大多人都不在意细节中隐藏着的契机。再难的问题都有可以解决的突破口，而这个突破口只留给了少数有心人、能够关注细节的人。

2. 抓住一棵"救命稻草"

稻草是一种很不起眼的东西，但在遇到危难的时候，抓住"一棵稻草"就有活命的可能。当然抓"一棵稻草"也需要你有一双慧眼，选好时机，看清本质。只有在细微的地方尽全力下足功夫，这根"稻草"才能助你一臂之力。

汉高祖从讨伐陈豨的军中归来，到达京城，见韩信已被处死，又是高兴又是怜惜，问道："韩信临死时说了些什么?"吕后说："韩信说后悔没有采纳蒯通的计策。"高祖说："那家伙是齐国的说客。"于是下令到齐地捉拿蒯通。

蒯通抓来后，皇上问："你教唆过淮阴侯谋反吗?"蒯通回答说："是的，我原本教过他。那小子不采纳我的计策，所以自寻死路，落得如此下场。倘若那小子采纳我的计策，陛下怎么能够杀掉他呢?"皇上发怒说："煮死他!"蒯通说："我真冤枉啊!"皇上说："你唆使韩信谋反，有什么冤枉?"蒯通回答说："当初秦朝的法度败坏，政权解体，山东地方大乱，英雄豪杰蜂起。秦朝失去了它的帝位，天下的英雄豪杰都起来追求它，那些本领高强，行动迅速的人，谁不想抢先得到它。盗跖的狗对着唐尧狂叫，不是唐尧不仁，只是由于他不是狗的主人。那时，我只知道有韩信，不知道有陛下。况且当时天下磨快武器，拿着利刃，想做陛下所做的事情的人多得很，只不过能力不够罢了，您能够全部煮死他们吗?"高祖说："饶了他吧。"于是赦免了蒯通。

蒯通在生死关头，能够临危不惧，是因为他知道自己已经抓住了一棵可以救命的"稻草",抓住天下初定时高祖欲笼络人心这一细节为自己开脱,因而保住了性命。尤以"跖之狗吠尧"一句最为生动有趣,一语双关,既暗指韩信反叛有罪,自己唆使他反叛出于当时的局限;又讨好高祖,说他有帝尧之英明。本意是讨饶但情绪镇定,思考冷静,话说的乖巧,所以,高祖饶了他。这种讨饶的方法我们不妨再细细回味,一个抓不住细节和实质的人,在高祖面前说上一千个求饶会不会管用?一个不识人心的谋士,在群雄纷起的时候要为自己找一块立命之处何等困难?这些细节的东西,往往不被人重视,但也往往是解决难题的诱因。

唐代宗将女儿升平公主嫁给郭子仪之子郭暧为妻。有一次郭暧与公主口角,公主不甘示弱。郭暧说:"你依仗父亲是天子,我父亲还不爱当那个天子呢。"公主听了大怒,赶紧乘车回宫告诉了父亲。

唐代宗听后责备升平公主说:"此中道理,非你所知。他父亲执掌我朝兵权,他想当天子早就当上了,夫妻间气头上的话怎能当真?"然后安慰公主一番,叫她回去了。郭子仪听说了,把郭暧绑了起来,带他上殿去请罪。代宗见状,说道:"民间有句谚语说,'不痴不聋,不当家翁。'儿女闺房里的事情,不值得一听。"

郭子仪带回郭暧,打了他几十大板,公主见了,哭哭啼啼替郭暧求情。从此二人和好,倍加恩爱。

唐代宗的做法只在几句话之间就把问题轻而易举地解决掉了。假如代宗仅为小儿女之间的几句气话定了郭暧的欺君之罪,兵权在握的郭子仪必会怀恨在心,为大唐江山的安宁埋下隐患,再则也不利于女儿的幸福。因此,代宗权衡利弊,不计女婿失言之罪,确实显出了一代明主的气度。

生活中的许多细节性问题都可能引发严重后果,正所谓牵一发而动全身,以积极的态度处理这些问题是每个人都该学会的。尤其是在处理难题时更应冷静行事。因为，越是难题就越复杂，千头万绪，难以理清，人的心情在这时也极易烦躁不安，更增加了处理难题的难度。抓一根可以解决问题的"稻草"并非每个人都能做到。因此，无论你在任何条件下，都应时时注意培养自己分清主次的能力，切不可让一些细枝末节的小问题毁了自己的幸福人生。

3. 事无巨细非成事之道

成事不可不重细节，但事无巨细，亲自过问一些极为不重要的小事，势必会在许多时候忽略掉更为重要的大事，甚至会让许多机会偷偷溜掉。

中国人心目中智者的化身诸葛亮就是一个例子。他一生为汉室天下鞠躬尽瘁，死而后已，却功败于垂成之际。"出师未捷身先死，常使英雄泪满襟"，道不尽一世沧凉、写不尽一生遗憾。

诸葛亮虑事周全，谨小慎微，对他这种性格描述贴切的是《三国演义》里他第一次兵出祁山的一节。

诸葛亮用马谡的反间计使曹睿削掉司马懿的兵权后，开始北伐中原，曹睿派驸马夏侯楙为大都督来迎战诸葛亮，于是魏延向诸葛亮献策：

"夏侯楙乃膏粱子弟，懦弱无谋。延愿得精兵五千，取路出褒中，循秦岭以东，当子午谷而投北，不过十日，可到长安。夏侯楙若闻某骤至，必然弃城望横门邸阁而走。某却从东方而来，丞相可大驱士马；自斜谷而进，如此行之，则咸阳以西，一举可定也。"

孔明笑曰："此非万全之计也。汝欺中原无好人物，倘有人进言，于山僻中以兵截杀，非惟五千人受害，亦大伤锐气。决不可用。"魏延又曰："丞相兵从大路进发,彼必尽起关中之兵,于路迎敌,旷日持久,何时而得中原?"孔明曰:"吾从陇右取平坦大路,依法进兵,何忧不胜!"遂不用魏延之计。

其实魏延此计正合兵家奇袭之计,妙不可言。后来司马懿重掌兵权之后,分析说:"如果是我进兵,我一定要从子午谷进攻,奇袭长安,这样长安一带便唾手可得。"魏延与司马懿可谓英雄所见略同,可过于谨慎细致的诸葛亮却不用此计,实在遗憾。

再看后来邓艾率五千精兵,偷渡阴平,奇袭成都,一举成功,他没按正规进攻路线来攻打成都,避开姜维剑门关的大军,灭了蜀汉政权,此与魏延之计如出一辙。

诸葛亮北伐中原能够成功的惟一一次机会就在这里,因为魏主曹睿连续犯了两个错误:一是中了马谡反间计,削夺了司马懿的兵权;二是派不谙战事的夏侯楙为帅来拒蜀。这正好给了诸葛亮天赐之机,如果诸葛亮能抓住这一机会,按魏延之计,率五千精兵直取长安,自己再率军出斜谷,那么大事几乎成矣。再加之其他兵马呼应,谁能定天下就难说了。

机会是均等的,也是短暂的,成功者的素质就在于能抓住短暂的机会,哪怕是瞬间也不错过。古往今来成功者无不如此,不管是谁,只要机会闪现,他们便绝不放过。

然而,诸葛亮太过细致谨慎,造成他在任何事情面前都不会铤而走险,谈笑间,他失去了一个千载难逢一统天下的机会。他博古通今,智慧超群,但却不敢冒险,一生都在徒劳心智。

唐代赵蕤的《长短经》上说:"知人,是君道,知事,是臣道。无形的东西,才是有形的万物的主宰,看不见源头的东西,才是世事人情的根本。"这是教导人们要发挥人才的作用,不要细大不捐,事无巨细,所有的事都要一个人去完成。所以说,会办具体事的人只是办事的人,而会使用人的才是真正的领导者。刘邵在《人物志》中也说："一个官员的责任是以一味协调五味，一个国家的统治者是以无味调和五味。大臣们以自己能胜任某种工作为有才能，帝王却以会用人为有才能。大臣们以出谋划策、能言善辩为有才能，帝王以善于听取臣民们的意见为有才能。大臣们以能身体力行为有才能，帝王以赏罚得当为有才能。最高统治者正是因为不必事事精通，不必事事躬亲，所以才能统率众多有才能的人。"

刘邵的话无非告诉人们什么样的人才是真正的领导。常常关注一些细小之事而失于对大事的决断，诸葛亮便是这样的人。他事无大小，都大包大揽，亲力亲为，蜀国似乎只有一个诸葛亮是个人才。结果呢？落个好名声，累死五丈原。就他诱司马懿出战就很能体现他这一性格特点。

一次，诸葛亮知道司马懿因胆怯而不敢出战，就派使者去激怒他，给他送去一盒礼物和一封书信。司马懿接过盒子，打开一看，却是妇人的头饰和素衣，再看那封信，竟是取笑他身为大将，却和关在闺房里的妇人一样，躲着不敢迎战，没有一点大丈夫的气概。

司马懿大怒，但他抑制住不肯发泄出来，却装出一副笑脸道："诸葛亮竟把我看成妇人了！"说罢，吩咐把盒子收起来，重赏来人。

接着，他又问来人道："你们丞相平时饮食的情况怎样，忙不忙？"来人回道："丞相每天理事都到深夜，凡是刑棍在二十以上的，一定要经他亲自办理。然而，一天的食物却吃不上多少。"司马懿对身边的部将说道："诸葛亮确是忠心无私的，只是不肯信托别人，所以事无巨细，什么都要自己管，做个主帅怎么可以这样呢？况且他食少事烦，准是活不多久了！"

使者回到蜀营，把司马懿接受衣服以及那番话都回报诸葛亮。诸葛亮听后，不觉叹了一口气说："唉，司马懿可算懂得我了！"原来，诸

54

葛亮由于操劳过度，神思不宁，有时还吐血。

此事发生不久，诸葛亮就因劳累过度，病逝于五丈原。诸葛亮无论是作为历史人物还是文学形象，其贤相楷模的定论似乎是千古不易的。作为道德人格，他确实有不可否认之处，然而，作为一个政治家，他做得是否成功，却值得另议。

诸葛亮的确是累死的，他的品德是无可指责的。但是，治理国家的人除了要德行高尚以外，治国的艺术是极其重要的。

"无为而有治"是老子的一贯主张，这种治国方略虽有其一定的局限性，但最值得肯定的是：治国无须事必躬亲，抓大放小才是治国之人的成事之道。如果任何事都不放过，只有像诸葛亮一样，倾尽一生才华和心血，却落得个无功而终的悲惨结局，岂不可惜？

4. 你的眼睛会说话

与人打交道并非易事，毕竟"知人知面难知心"。不过有一个小细节却可以帮你化难为易，那就是多观察对方眼神。

例如，一男一女相挽上街，女的必观察其身边男的一举一动，而男的定把视线放在其他来来往往的女人身上——这样的差别，大概也就是女人与男人在性别上的最大不同点吧！

女人怒气冲冲地责怪身旁的男人：

"你是怎么回事，一直在看别的女人，真不像话。"

"没有，我没有看啊！我只是认为那个皮包跟你很相配而已。"而眼神却躲闪不定，似在逃避。

"你说谎，那你买那个皮包给我好了。"女的看出了这一细节中的问题。

如此一来，男人就不得不花钱消灾，这真是相当滑稽的事情。

总之，眼神有聚有散，有动有静，有流有凝，有阴沉，有呆滞，有下垂，有上扬，善于察颜观色的人不用问你太多的话就可以知你、明你所思。

眼神变动中的每一个细节一旦被人洞察，别人就会以此为依据，采取行动。

孟子说："存乎人者，莫良于眸子，眸子不能掩其恶，胸中正则眸子了焉；胸中不正，则眸子眊焉。"从眼睛上看人的方法由来已久。无论一个人修养功夫如何深，个性是不会改变的。俗语说，江山易改，本性难移，就是这个意思。因此想要看人的个性还是简单的，而情的表现则不然。性为内，情为外，性为体，情为用，性受外来的刺激发而为情，刺激不同，情亦不同。情所表现最显著、最难掩饰的部分，不是语言，不是动作，也不是态度，而是眼睛。言语动作态度都可以假装，而眼睛是无法假装的。我们看眼睛，不重大小圆长，而重在眼神。孟子只说到了两点，其实并不止这两种。眼神常常会背叛你，观察眼神就足可知一个人内心所想。

眼神沉静，便可表明其所认为着急的问题早已成竹在胸，稳操胜券。

眼神散乱，便可表明其对事束手无策。

眼神横射，仿佛有刺，便可表明此人是异常冷淡的，如有请求，暂且不必说。

眼神阴沉，应该是凶狠的信号。

事实上，你可以随时观察他人的眼神以判断其是否在说谎，或者在回忆。许多实验表明，人在说谎的时候眼睛总是向左转，而回忆并组织语言进行陈述的时候却是不自觉地向右转，似乎在寻找一个更好的办法把事实说清楚。人脑中的每一个想法都必然会带动眼睛的转动，这也是人们根据眼睛判断一个人是否聪明的依据。

苏联作家费定在小说《初欢》中这样描写人的眼睛："李莎初次发现，人的眼睛会表示很多的意义……眼睛会放光，会发火花，会变得像雾一样暗淡，会变成模糊的乳状，会展开无底的深渊，会像火花像枪弹一样向人投射，会把冰水向人浇灌，会把人举到从来没有人到过的高处，会质问、会拒绝、会取、会予、会表示恋恋之意，会允诺、会充满祈求和难忍的表情，会毫不怜惜地折磨别人，会准备履行一切和无所不加拒绝。啊，眼睛的表情，远比人类琐琐不足道的语言来得丰富。"

如果平日木讷寡言的人突然对人口若悬河，而在交谈中一碰到别人的视线就赶紧移开，那一定做了什么亏心的事。

刚进入印钞票工厂的新工人，见到堆积如山的新钞票，眼花缭乱。有人开玩笑，"只要这一点就行了"，"可不要拿钱跑了呀！"等等。其中一定有人不仅不插话，而且还故意把视线从钞票上移开不看。这种人其实最危险，恰恰是他在心中想设法把钞票拿跑，而转移视线这种反应是对想拿钞票心理的沉默地自制表现，可以看做是和见到强敌时相同的心理。这类人只要稍有机会便会下手。相反的，能在人前开玩笑，说"把钱偷走"之类的话的人，反倒有较大的安全性。并不是说这种人对钞票的欲望小，而是说因为这种欲望夹杂在玩笑话中，无意识地被消除的可能性大些罢了。

视线的转移是人的内心活动的反映。在交谈过程中，别人可以从你的眼神中得到许多所期望了解的真实的东西。

艾克斯莱因博士通过多次实验得出：当一个人说话时把眼光移到别的地方，通常表示他还在做解释，不想让别人打岔。

要是他中止谈话，把眼光凝注他的同伴，这就是已经把话说完了的信号。如果他中止以后，并不望向交谈的同伴，它的意思就是说他尚未讲完。他发出的信号是："我想说的就是这些了。你有什么意见？"

若是一个人正跟他讲话，他没有听完就看旁的地方，就表示"我不完全满意你所说的话。我的想法和你有点出入。"

要是他说话时看别的地方，可能是说："我对自己所说的话并没有什么把握。"

当他看到别人说话时望着说话的人，这是表示："我对自己所说的话很有把握。"

所以，生活中你的眼神可以告知别人你的真实想法，而你也同样可以从别人的眼神中看清他的真实意图，掌握一个人眼神的变化有时恰恰是处理难题的突破口。

5. 教育难在关注变化

教育似乎是这个世界上最难的事，每一个受教育者都是一个可以独立思考的个体，他们的心灵无时不在变化。施教者如果不善于观察、分析，并采取上佳的行动，很可能在一瞬间就给正在成长的幼苗当头一棒，在他们的心灵中埋下难以抹去的阴影。关注孩子的一举一动，注意他们在每一个细节中流露出的信息是施教者必须做好的工作。

一个孩子从哇哇啼哭到呀呀学语，从蹒跚学步到行走如飞，其成长速度是十分惊人的。而在父母身边，他又是在不知不觉地、悄悄地发生着变化，从未成熟状态走向成熟状态，从对父母的依附地位走向自主地位。

我们常听到父母抱怨：孩子这么不听话，你不让他干他偏要干。下雨了，大人往屋里躲，孩子却往雨里钻；逛公园，你慢慢走，孩子却飞跑在前；你走平地，他去踢砂子；你想牵着他，想帮他穿衣服，他偏不干……等孩子大了，他又不愿和你讲话，似乎疏远了你。

其实，这正是孩子特有的心理特点，是他们成长中的正常现象。你虽然过去也是个孩子，但是现在已成了大人，已习惯了新的生活方式，你的思维方法、情趣爱好、个性特点都与童年不同了。当你和孩子生活在一起的时候，却总是习惯用你的眼光来观察、推测孩子，要求孩子适应你的生活方式。如果孩子不听，你就会恼火、生气，冲突就可能发生了。

要知道，随着孩子的成长，他的生理和心理都在经历复杂微妙而又深刻的变化，而他的身心发展又是有一定规律的。

美国教授路易斯·艾米斯提醒我们说："父母所犯的最普通的错误是，不理解孩子们在其发展的不同阶段是怎么样的情况。"

大多数家长总在遇到教育难题时采取"一刀切"的方式，不问青红皂白就是一顿责骂，甚至是毒打。这种教育方式让多少孩子失去了对世界的美好感受，产生厌学、厌世的念头。

有这样一个女孩子，上小学时一直学习很努力，成绩也不错。妈妈一天到晚说："好好学习，一定要考上好中学，考不上好中学就没有出路。"在妈妈的督促和自己的努力下，她如愿以偿，考上了理想的中学。妈妈又说："你在班里的成绩要进入前十名，否则就没有发展前途。"这个女孩子不懈努力进入了前十名。妈妈又说："你得争第一，这就是出路。"很自然，接下来妈妈会要求考大学，考名牌大学，否则就一事无成。

这个女孩子就在妈妈无休止的要求中艰难地成长。

她在日记中写道：

"妈妈无止境地加码，压得我实在喘不过气来……每当我实现了妈妈的愿望，妈妈就高兴极了，此刻我就成了天上的星星；当我失败没达到妈妈的要求，我就成了地上的狗熊，无休止的奚落就会劈头盖脸地扑来……

多少年来，在我的心中只有第一，必须第一，无数个第一整天在追赶着我，我真是太累了……"

试想这样的孩子一旦失利会怎样呢？

教育、要求孩子是对的，但太严格的要求很容易让孩子感到厌倦，在接受教育期间他们虽然小，但也是一个完整的人，在各个年龄段都有他们各自的需要。给他们自己的空间，让他们干自己该干的事，既培养他们的自控力又要培养他们的独立性和动手能力，让他们在今后的人生路上顺利前行。

谁不希望自己的子女高人一筹，谁不盼望儿女孝顺、事业通达，但请记住，这些都与他们从小所受的良好教育有关。太娇宠，太严厉都不是一种良好的教育方式。关注孩子成长中的每一个细节，适当给予指导是每一位家长必须做到的。否则很可能让孩子走弯路。尤其是处于青春期的孩子们更需要长辈们的悉心照料，因为这一时期的孩子由于生理和心理的急剧变化，很容易产生逆反心理，脾气易怒暴躁，对异性产生强烈的好奇心，总希望挣脱任何束缚，拥有独立的人格。就像想要试飞的小鸟，总想自己飞一程，看看外面的世界。却又茫然无措，不知该从哪儿下手。因而，这一时期的孩子，性格的可塑性很强。倘若给以积极的引导，他们必会朝着正确的方向发展。

小明是一个初二的学生，一天中午放学回家吃饭时，父母与他边吃边聊。当聊到一个问题时，小明由于观点与父亲不同，于是开始顶撞父亲，在这之前这是从未有过的事。小明的父亲感到脸上无光，怒斥起儿子，小明一气之下将筷子往地上一摔，抓起书包便往外跑。下午放学时，父母见小明未回家，就四下寻找，直到第二天才从远房亲戚家找到他。

小明的这种举动是正常的青春期逆反心理的表现。但这种反常的小细节正是父母不能忽视的问题。如何解决这种问题，光靠强制手段未必见效，有时反而会适得其反。家长遇到这种问题时应该在尊重孩子的前提下注意与孩子的沟通。给他们独立发展的空间。更加关心他们，但这种关心要以不施加约束压力为前提。

类似这种反常现象是每个人都会有的，父母与老师都应该密切关注这些幼芽的行为举止。一旦有苗头出现就该追寻源头，寻找病因，对症下药。只有关注细节，孩子才能健康成长。

第五章　赚钱花钱：别让细节毁了你的财运

金钱与我们的生活息息相关，每天我们都要不断地赚钱，不断地花钱，在这一过程中我们既能体会收获的满足，又能感受享受的快乐。但无论是赚钱还是花钱，我们都要关注细节，这样才能避风浪，绕暗礁，以变应变，既满足自身对物质的要求，又不损害生活的乐趣。

1. 别为金钱算计太多

在物质社会里，金钱确实是非常有用的东西，它能买来汽车房子，漂亮的衣服，给你想要的生活。但是我们也要记得赚钱花钱本是为了享受生活的乐趣，千万不要为了金钱而太过于算计。

美国心理专家威廉通过多年的研究，以铁的事实证明，凡是对自己的实际利益能算计的人，往往都会陷入不幸，甚至变成多病和短命的人。他们90%以上都患有心理疾病。这些人感觉痛苦的时间和深度也比不善于算计的人多了许多倍。换句话说，他们虽然很会用手中的利器为自己捞取好处，但却没有好日子过。

威廉根据多年的研究，列出了500道测试题，测试你是否是一个"太能算计者"。这些题很有意思，比如：你是否同意把一分钱再分成几份花？你是否认为银行应当和你分利才算公平？你是否梦想别人的钱变成你的？你出门在外是否常想搭个不花钱的顺路车？你是否经常后悔你买来的东西根本不值？你是否常常觉得你在生活中总是处在上当受骗的位置？你是否因为给别人花了钱而变得闷闷不乐？你买东西的时候，是否为了节省一块钱而付出了极大的代价，甚至你自己都认为，你跑的冤枉路太多了……只要你如实地回答这些问题，就能得出你是否是一个"太能算计者"。

威廉认为，凡是对金钱利益过于算计的人，都是活得相当辛苦的人，又总是感到不快乐的人。在这些方面，他有许多宝贵的总结。

第一，一个太能算计的人，通常也是一个事事计较的人。无论他表面上多么大方，他的内心深处都不会坦然。算计本身首先已经使人失掉了平静，掉在一事一物的纠缠里。而一个经常失去平静的人，一般都会引起较严重的焦虑症。一个常处在焦虑状态中的人，不但谈不上快乐，甚至可以说是痛苦的。

第二，爱算计的人，在生活中很难得到平衡和满足，反而会由于过多的算计引起对人对事的不满和愤恨。常与别人闹意见，分歧不断，内心充满了冲突。

第三，爱算计的人，心胸常被堵塞，每天只能生活在具体的事务中不能自拔，习惯看眼前而不顾长远。更严重的是，世上千千万万事，爱算计者并不是只对某一件事情算计，而是对所有事都习惯于算计。太多的算计埋在心里，如此积累便是忧患。忧患中的人怎么会有好日子过？

第四，太能算计的人，也是太想得到的人。而太想得到的人，很难轻松地生活。往往还因为过分算计引来祸患，平添麻烦。

第五，太能算计的人，必然是一个经常注重阴暗面的人。他总在发现问题，发现错误，处处担心，事事设防，内心总是灰色的。

威廉的研究还表明：太能算计的人，心率的跳动一般都较快，睡眠不好，常有失眠现象伴随。消化系统遭到破坏，气血不调，免疫力下降，容易患神经性、皮肤性疾病。最可怕的是，太能算计的人，目光总是怀疑的，常常把自己摆在世界的对立面。这实在是一种莫大的不幸。太能算计的人骨子里还贪婪。拥有更多的想法，成为算计者挥之不去的念头，像山一样沉重地压在心上，生命变得没有色彩。

这似乎是一种令人很难理解的"矛盾"，但威廉的这一结论，得到了全世界同仁的一致肯定。他的有关著作在 50 多个国家发行，不知点亮了多少愚人内心的明灯。

而更有趣的是，威廉自己曾经就是一个极能算计的人。他知道华盛顿哪家袜子店的袜子最便宜，哪怕只比其他店便宜几分钱；他知道方圆 30 里内，哪家快餐店比其他店多给顾客一张餐巾纸；至于哪辆公共汽车比哪辆公共汽车便宜 5 分钱，什么时候看电影门票价格最低等等，威廉可以说是全美之最。

正因为这样，威廉得了一身病。30 岁之前，他总与医院打交道。

当然，他也知道哪一家医院的药费最便宜。不过那时他没有一天好日子过，更不要说快乐了。物极必反，威廉在他32岁那年终于醒悟了。他开始了关于"能算计者"的研究。追踪了几百人，得出了惊人的结论。

威廉的研究成果，使许多"太能算计者"脱离苦海，看清了自己，身心得到了解放，不但改变了命运，也过上了好日子。威廉自己的病也全好了。如今，他已经成为了美国最健康人群中的一员，每天都是乐呵呵的。他的新作《好日子》也已出版，在美国家喻户晓。

金钱是身外之物，花完了可以赚，赚多了就要花，为了一点钱斤斤计较，算计不停的人，不但弄得自己不快乐，还会损害自己的财运，因为他实际上是在把别人赚大钱的时间浪费在无谓的小事上。

2. 节俭是富过三代的秘诀

俗话说："富不过三代"。因为一些人得到祖辈积累下的大量财富后，就忘了节俭为何物，大手大脚地挥霍，小钱更是看不进眼里，直到最后把家败光。因此我们一定要注意节俭，千万不要养成大手大脚的习惯。

一般来说，大局比细节更重要，但在某些特殊情况下，细节往往能够影响甚至决定大局。所以，我们切不可因为小小细节而疏忽大意。

三菱集团的创始人岩崎弥太郎曾有个奇妙的比喻，"我认为涓滴的漏法比溢出来的还可怕，因为酒桶如果有个大漏洞，谁都会很快发现，但是，桶底有个毛发般的小孔，却不大容易被注意到。"这是一个关于应注意节俭，从小处着眼的精辟见解。为此，他从创业初就十分注意从微小处节俭。日立公司这个上世纪八十年代电器王国的庞然大物对员工的要求是用不着的电灯一定立刻关掉，无论是写便条还是随便记什么东西，必须尽量用旧纸，电脑用过的纸也必须整理订好再用。不仅如此，丰田公司还有个节俭的招数叫"算好再做"。例如开会，在开会前要估算与会者每一秒钟价值多少，算出这次会议的"成本"，然后告诫与会者必须节约时间。在接待来客中，丰田公司一般不安排隆重的宴会招待，也不派专车接送，这也是出于节俭的考虑，用公车要用司机，要缴各种税，要买汽油，买保险，搞维修……这些开支倒不如乘出租车或乘地铁更合算。

而中国也历来崇尚节俭，视节俭为美德。这种民族传统在现代商人身上留下深深的烙印。台湾企业家王永庆可算是个世界级的巨富了，可就是这个巨富，在花销上却特别节俭。他牢记中国的俗语"富不过三代"，严格控制子女乱花钱。当发现孩子的母亲、祖母心痛孩子手头拮据偶尔送钱给孩子时，王永庆毅然将孩子送往国外，以使孩子脱离开家人的庇护溺爱。王永庆不仅这样教育孩子，他自己在生活中也是能省的决不浪费。

有一次，他发现他用的牙签是一头尖的，另一头刻花比较贵，而市场上两头尖的牙签比较便宜，便告诉秘书："以后买两头尖的牙签，可以两边使用，又便宜。"他喝奶精，往往将小铝箔奶精盒中残留的奶精用一匙咖啡洗净后再倒入咖啡杯中食用掉，可谓不弃一丝一滴。靠节俭美德王永庆获得了生意上的成功，靠节俭思想的熏陶，他的爱女凭一张文凭，一把刮胡刀，在外独闯天下，同丈夫简明仁用二万五千美元的积蓄在台湾创立了大众电脑公司，成了一家年营业额高达三四十亿元企业的总经理。

美国富豪洛克菲勒也是一个自己注重节俭，对孩子零用钱卡得很紧很死的人。他规定孩子七八岁时每周三十美分，十一二岁每周一美元，十二岁以上每周二美元，每周发放一次。他还发给孩子每人一个账本，让他们记清每笔钱支出的用途，领钱时交给他审查。如果账钱清楚，用途得当，下周递增五美分，否则就递减。他还鼓励孩子做家务并给予奖励，如逮一百只花蝇奖十美分，抓一只耗子奖五美分等，并对背柴、拔草、擦皮鞋都明确提出奖励额度，从小培养孩子的节俭习惯。

用节俭筑起防溃的大堤，就像千里河堤从堵蚁穴开始一样，堵住了，大堤就能保住，而堵不住或堵得不严，就随时都有溃堤的危险。这不是耸人听闻，而是有真凭实据的，这种事，在中国近代民族工业中不乏其例。杭州叶氏种德堂国药号至四世孙叶鸿年经营时，积累有大量财富，无论规模还是声望在杭州都是数一数二的。但叶鸿年并未将心思放在药店上，而是大加挥霍。他在药店后院盖起住宅，虽整日出入药堂却不过问药堂业务。为结交官府，今日请客，明日送礼，成为官府座上客，仅几年间便挥霍银子十余万两。一不管理，二又无度消耗挥霍，药堂收入下降，家业很快被折腾得入不敷出，最后落到只得将药房出盘还钱庄欠款的地步。杭州还有个翁氏隆盛茶号，创业人为海宁的翁耀庭。由于翁耀庭善经营，其经营的狮峰极品龙井在巴拿马博览会上获奖，使西湖龙井茶驰名天下。为此，翁氏一家发了财。但到了上世纪三十年代，翁氏子孙不讲节俭，只讲挥霍，不图发展，只顾享乐，整日不务正业，使得好端端一个翁氏老字号渐入下坡路。究翁氏隆盛茶店的败落原因：一是只图外表，耗资四五万元建高楼豪宅，挥霍无度，不注意节俭；二是只顾眼前利益，不虑长远，不教子孙学文化，只教子孙学徒经商，沾染了吃喝嫖赌恶习，造成其子孙素质低下，不成大器，致使家业后继无人。

"成由勤俭败由奢"，无论你是千万富豪还是平头百姓都要注意节俭。一点小钱虽然不起眼，但聚少成多就是一笔很大的财富了。只有节俭持家守业，才能过上富足的生活。

3. 想赚钱就要勤快一点

每个人都想成为富翁，过自己想要的生活，于是大批年轻人怀揣着一夜暴富的奢望，东游西荡、投机取巧。但这种人到最后往往是两手空空，他们忘记了勤奋做事才是通向成功的捷径，而懒惰并不是什么"小

"毛病"，它是成功的大障碍。

华人富商王永庆，15 岁小学毕业后被迫辍学，只身背井离乡，来到台湾南部一家米店当小工。聪明伶俐的王永庆虽然年纪小，却不满足于当学徒，除了完成送米工作外，还悄悄观察老板怎样经营米店，学习做生意的本领。因为他总想：假如我也能有一家米店……

第二年，王永庆请父亲帮他借了 200 元台币，以此做本钱，在自己的家乡嘉义开了家小米店。开始经营时困难重重，因为附近的居民都有固定的米店供应。王永庆只好一家家登门送货，好不容易才争取到几家住户同意用他的米。他知道，如果服务质量比不上别人，自己的米店就要关门。于是，他特别在"勤"字上下功夫。他趴在地上把米中杂物一粒粒拣干净。有时为了多争取一个用户、多一分钱的利润，宁愿深夜冒雨把米送到用户家中。他的服务态度很快赢得了一部分用户的青睐，他们主动替他宣传，使业务逐渐开展起来。不久，王永庆又开设了一个小碾米厂。由于他处处留心，经营艺术日渐高超，再加上他勤快能干，每天工作十六七个小时，克勤克俭，业务范围逐渐拓宽。此后又开办了一家制砖厂。

王永庆现在发迹成为了台湾传奇式的人物，成功的原因之一，正是王永庆本人常常提及的"一勤天下无难事"的道理。王永庆有一次在美国华盛顿企业学院演讲时，谈到了他一生的坎坷经历。他说："先天环境的好坏，并不足为奇，成功的关键完全在于一己之努力。"

王永庆在"勤"的业绩上写着如下记录：

——做米店学徒时，他工作之余，经常暗中观察，了解老板的经营之术。

——初开米店时，他趴在地上拣米中的砂子；冒雨给用户送米上门；每天工作十六七个小时。

——创办台塑时，他事必躬亲，艰苦备至，奋斗不懈。一步也不放松，一点也不偷懒，对事业兢兢业业。

由此可见，勤勉努力确实是成功的法宝，如果王永庆贪图安逸，懒懒散散，那么也就无法成为台湾首富了。

那么，怎样才能克服懒惰的"小毛病"，让自己变得勤快起来呢？

（1）承认自己有爱拖延的小毛病，并且愿意克服它。这是处理一切问题的前提。只有正视它，才能解决问题。不承认自己懒惰，就不可能改正自身的弱点。

（2）是不是因恐惧而不敢动手，这是懒散的一大原因。如果是这一原因，克服的方法是强迫自己做，假想这件事非做不可，并没什么可恐惧的，并不像你想象得那么难，这样你终会惊讶事情竟然做好了。

（3）是不是因为健康不佳而懒惰。其实，懒惰并不是健康的问题，而是一种生活态度的问题，有些人尽管疾病缠身，还照样勤奋努力不已。如果身体真的有病，这种时候常爱拖延，要留意你的身体状况，及时去治疗，更不应该拖延。

（4）严格要求自己，磨练你的意志力。意志薄弱的人常爱拖延。磨练意志力不妨从简单的事情做起，每天坚持做一种简单的事情，例如写日记，只要天天坚持，慢慢地就会养成勤劳的习惯。

（5）在整洁的环境里工作不易分心，也不易拖延。把自己生活的环境整理好，使人身居其中感觉舒适，就会热爱自己的生活，产生勤奋的动力。另外，备齐必要的工具也可加快工作进度，也可以避免拖延的借口。

（6）做好工作计划。对自己每天的生活工作，做出合理的安排，制定切实可行的计划，要求自己严格按计划行事，直到完成为止。

（7）把你的计划告诉大家。在适当的场合，比如，在家庭里，或者在朋友面前，把你的计划向大家宣布，这样你就会自己约束自己，不敢拖延。

这样做不但会使大家监督你，即使是为了你的面子，你也不得不按时做完。

（8）严防掉进借口的陷阱。我们常常拖延着去做某些事情，总是为自己的懒惰找理由、找借口。例如"时间还很充足"、"现在动手为时尚早"、"现在做已经太迟了"、"准备工作还没做好"、"这件事太早做完了，又会给我别的事"等等，不一而足。

（9）偶尔"骗一骗"自己。开始克服懒惰，不可能坚持很长时间，你可以给自己说："只干一会儿，就10分钟。"10分钟以后，很可能你兴奋起来而不想罢手了。

（10）不给自己分心的机会。我们的注意力常常受外界的干扰，不能够投入工作，成为我们拖延偷懒的借口。把杂志收起来，关掉电视，关上门，拉上窗帘……这样，就可以使自己的注意力集中起来，克服拖延的毛病，投入工作。

（11）不要离开工作环境。有些事情在开始做时，总会不顺利，这就成为拖延偷懒的借口，我们会说放一放再说，转身就走，这样就无法克服懒惰的习惯。强迫自己留在事情的现场不许走，过一会儿，你可能就找到了解决问题的办法，你可能就不再拖延，你就会干下去。

（12）避免做了一半就停下来。这样很容易使人对事情产生棘手感、厌烦感。应该做到告一段落再停下来，会给你带来一定的成就感，促使你对事情感兴趣。

（13）先动手再说。三思而后行，往往成了拖延懒散的借口。有些事情应该当机立断，说干就干，只要干起来了，你就不会偷懒，即使遇到问题，你也可以边干边想，最终就会有结果了。

懒惰的"小毛病"会分散你的精力，灭失你的雄心，因此你一定要告别懒惰，勤快做事。天道酬勤，只要你不断付出，就一定会获得你想要的财富。

4. 注重细节成为有钱人

我们都渴望能通过自己的努力累积大笔财富，但是由于轻忽细节，一些人不是无法赢得财富就是无法留住财富，这是非常可惜的事。在这里，我们希望能够给大家一些启示，让"有钱人"这三个字不再是模糊的概念。

很多人认为，只要有大笔的钱进账就能变得富有，其实未必尽然。生活中我们可以看到很多年薪 8 万到 10 万甚至更多的高级白领，日子过得跟薪资水平仅及其 1/3 的人一样。银行里没有多少存款，消费上常常出现赤字，买房的计划也是遥遥无期。

一些人之所以能够舒服地退休，在于他们事先计划和透过一些隐形的资产来累积财富。一份高的薪水提供了人们累积财富的机会，但不会自动让人富有。如果你一年赚 8 万花 10 万，反而会破产。但如果你赚 10 万，投资 1 万于如银行存款、保险、证券上，持续几十年，则将会积累起巨额资产。这才是财富！才会给你一个稳步、积极的人生！

另外一个关于财富的错误观点是，认为它必须是对身份地位的炫耀。例如拥有一栋大房子，或每年做长达三个星期的旅游等。拥有一些"东西"并不全然代表这人是富有的，事实上，这些东西还会拖累资产的累积。如果你收入中的相当部分是用来支付一个高达四位数的住房贷款，或者是偿还先前累积的债务，那就不可能有什么钱省下来投资，资产的累积也会变得极其缓慢。

可能有人会说，靠小心翼翼积累财富达到富有的人没有什么乐趣。其实大部分人在这个理财的过程中都是不乏乐趣的。他们的乐趣来自于他们累积的资产，并且成为了他们的理财目标之一。因此，要做有钱人，必须有积极的投资态度，进行认真的规划。无论你有多忙，都不应成为你花时间去积极投资的借口，因为现代科技的发展已能做到让你随时随地投资，比如在线投资。

当然投资时也要注意一些细节问题：

①投资不是多人的事情，而是一个人的事情，你必须自己做出判断。想投资，那就自己好好地研究你将要进行的交易。

②不要期望太高的回报。当然，期望你的投资每 1 小时能翻一倍，

作为梦想是无可厚非的。但你要清醒地认识到，这是一个非常不现实的梦想。记住，如果年平均回报率能达到10%，就非常幸运了。

③不要被股票所迷惑。记住，公司的股票同公司是有区别的，有时候股票只是一家公司不真实的影子而已。所以应该多向经纪人询问股票的安全性。

④对风险要有足够重视。"风险"不仅仅是两个字而已，它值得每一个投资者加以足够的重视。所以，一个重要的原则就是，在购买股票之前，不要先问"我能赚多少"，而要先问"我最多能亏多少"。这条小心翼翼的戒律在最近几年好像已经不流行了，但坚信这条戒律的投资者们至少还是保住了自己的钱。

⑤弄清情况再出手。在不知道该买哪一只股票或者为什么要买这只股票的时候，坚决不要买，先把事情搞懂再说。这一点尤其重要。这印证了投资大师彼德·林奇的一句名言：一个公司如果你不能用一句话把它描述出来的话，它的股票就不要去买。

⑥发展才是硬道理。当你把目光投向一些现在正在衰败的公司的时候，这点尤其重要。

⑦不要轻信债务大于公司资金的公司。一些公司通过发行股票或借贷来支付股东红利，但是他们总有一天会陷入困境。所以在投资之前，先弄清对方财务状况。

⑧不要把鸡蛋放在一个篮子里。除非你有亏不完的钱，否则就应该注意：不要把所有的投资都放在一家或两家公司上，也不要相信那种只关注一个行业的投资公司。虽然把宝押在一个地方可能会带来巨大的收入，但也会带来同样巨大的亏损。

⑨不要忘记，除了盈利以外，没有任何一个其他标准可以用来衡量一个公司的好坏。无论分析家和公司怎样吹嘘，记住这条规则，盈利就是盈利，这是惟一的标准。

⑩如果对一只股票产生了怀疑，那么不要再犹豫，及早放弃吧。如

果它已经跌了 5%，那么就不要再指望它回升，而要大胆地抛出止损。

除了投资之外，理财方面的一些细节也是需要注意的：

①把梦想化为动力。你可以充分地设想你想要做的事，想自由自在地旅游，想以自己喜欢的方式生活，想自由支配自己的时间，想获得财务自由以不被金钱问题困扰……由此发掘出源自内心深处的精神动力。

②做出正确的选择。即选择如何利用自己的时间、自己的金钱以及头脑所学到的东西去实现我们的目标，这就是选择的力量。

③选择对朋友。美国"财商"专家罗伯特·清畸坦言："我承认我确实会特别对待我那些有钱的朋友，我的目的不是他们拥有的钱财，而是他们致富的知识。"

④掌握快速学习模式。在今天这个快速发展的世界，并不要求你去学太多的东西，许多知识当你学到手往往已经过时了，问题在于你学得有多快。

⑤评估自己的能力。致富并不是以牺牲舒适生活为代价去支付账单，这就是"财商"。假如一个人因为贷款买下一部名车，而每月必须支付令自己喘不过气来的金钱，这在财务上显然不明智。

⑥专业人员高酬劳。能够管理在某些技术领域比你更聪明的人并给他们以优厚的报酬，这就是高"财商"的表现。

⑦刺激赚取金钱的欲望。用希望消费的欲望来激发并利用自己的财务天赋进行投资。你需要比金钱更精明，金钱才能按你的要求办事，而不是被它奴役。

⑧获取别人的帮助。这个世界上有许多力量比我们所谓的能力更强，如果你有这些力量的帮助，你将更容易成功。所以对自己拥有的东西大度一些，也一定能得到慷慨的回报。

总之，想要成为有钱人并非易事，它受多种因素和条件的制约，但只要你能够思虑严谨，在细微之处多下功夫，那么你的梦想也终有实现的一天。

第六章　突破逆境：
别让细节毁了成功的希望

　　人生不如意十之八九，遭遇逆境是在所难免的，因为成功路上本来就满布荆棘。但是我们不能就此沉沦，而是应该用敏锐警觉的眼光去发现那些以前从未注意到或是未予以重视的细微之处，以此作为突破口，与挫折坎坷抗争，突破逆境，一步步走向成功。

1. 巧借外力为我所用

身处逆境时，很多人往往只懂得利用自身的力量苦苦挣扎，这样做其实并不明智。有时单靠个人的力量难以突破逆境，你必须把周围环境中的力量重视起来，借力让自己走出困境。

大多数成功的人都善于运用他人的力量为自己做事。他们善于观察别人、结交别人，为自身助力，从而在自己陷入逆境时，获得帮助，走出逆境。所以，想成为成功者，就要善于借用周围环境中的一切力量，要让别人愿意为你出力，帮你走出困境。

有一个证券公司的业务员，刚进入这一行，发现证券业很难做，他一直没有什么特别好的办法来提升业绩，他的心里很着急，但这行竞争实在太激烈了，即使使尽了力气，还是很难有成绩。

谁料想，过一阵子，这个业务员突然发生了大变化，客户一个接一个地主动找上他，而他竟然成了全公司业绩最好的业务人员。

这家公司的经理觉得难以理解，自己干了几十年，也没见过一个初入这行的人会突然神乎其神地大红大紫，于是就暗中观察他是怎么吸引客户的。

他发现业务员经常带客户到自己的办公桌旁谈事情。这个办公室里的每个位子都是单独隔开的，于是他有事没事就假装不经意地经过业务员的桌旁，可是并没有发现他对客人说些什么特别的话。

有一天，业务员不在办公室里，经理经过他的办公桌时，不经意地看了一眼他的桌子。

"好小子，真服了你了！原来如此。"经理站在办公桌前像是发现了新大陆似的笑着说。

原来，在业务员的桌子上，摆着许多张自己家人的生活照。可是，在这些生活照中间，又相间摆着几张在不同场合拍摄的放大照片。而这些大照片，竟然全是一位股市大亨的照片。你想，客户看到业务员与股市大亨这么熟，肯定有关系，自然就会认为跟着他炒股能赚钱了。

由此可见，这位业务员便是一个聪明人，在遇到困难，打不开局面时能够背靠大树，巧借外力，从而使事情做起来化难为易，非常顺利。

你可以借力的对象不仅限于名人，还可以是朋友、老师，甚至是对手！有时候外界的力量可能很小，但只要你巧加利用，借力使力却可以迅速突破困境。

千万不要忽视周围环境中的微小力，只要你能借力使力就可以使杠杆作用发生在自己身上，从而脱离困境，开辟新局面。

2. 敢创新才会有出路

生活中，我们可能会碰到前所未有的困难、挫折，面对这种情况，一般人往往只会在荆棘丛中奋斗，而忽略了另一种看似微小的可能性——更新观念，另辟新路。

2008 年越来越近了，第 29 届奥运会即将在北京举行，这成了中国乃至世界华人的一大盛事，举办奥运会不仅会给国人带来荣耀，同时还有巨大的经济利益，可以说奥运会是个抢手的"香饽饽"。可你知道吗？在 1984 年以前，奥运会举办权还是块"烫手山芋！"

1972 年，第 20 届奥运会在联邦德国的慕尼黑举行，最后欠下了 36 亿美元的巨额债务，很久都没有还清；1976 年，第 21 届奥运会在加拿大的蒙特利尔举行，最后亏损了十多亿美元，成了当地政府的一个巨大负担。直到今天，蒙特利尔人还在缴纳"奥运特别税"；1980 年第 22

届奥运会在苏联的莫斯科举行，苏联仗着财大气粗，比上两届举办城市耗费的资金更多，一共花掉了90多亿美元，造成了空前的亏损。

鉴于这种情况，1984年的奥运会几乎到了无人问津的地步，还是美国的洛杉矶看到没有人敢拿这个烫手的"山芋"，就以惟一申办城市"获此殊荣"，企图通过这种方式来显示其泱泱大国的雄厚实力。可是等拿到了举办奥运会的权利之后不久，美国政府就公开宣布对本届奥运会不给予经济上的支持，接着洛杉矶市政府也表态说，不反对举办奥运会，但是举办奥运会不能花市政府的一毛钱。

谁能够出来挽救这场危机呢？最后是杰出人士彼得·尤伯罗斯化解了这场危机，并让举办奥运会成为了新的生产力，大幅度拉动了经济的增长。

面对困境，尤伯罗斯没有灰心，反复思考后，他下出了惊人的三招妙棋：

第一招：拍卖电视转播权。

彼得·尤伯罗斯是这样分析的：全世界有几十亿人，对体育没有兴趣的人恐怕找不到几个。很多人甚至不惜花掉多年积蓄，不远万里去异国他乡观看比赛。但是更多的人是通过电视来观看体育比赛的。因此，在奥运会期间，电视成了他们不可缺少的"精神食粮"。很显然，电视收视率的大大提高，广告公司也因此大发其财。彼得·尤伯罗斯看准了，这就是举办奥运会的第一桶金子。他决定拍卖奥运会电视转播权！这在奥运会的历史上可是破天荒的。

就这一笔电视转播权的拍卖就获得资金2.8亿美元。真可以说是旗开得胜！

第二招：拉赞助。

在奥运会上，不仅是运动员之间的激烈竞争，还是各个大企业之间的竞争，因为很多大企业都企图通过奥运会宣传自己的产品。从某种程度上说，这种竞争甚至会超出运动场上的竞争。

为了获得更多的资金，尤伯罗斯想方设法加剧这种竞争，于是奥运会组委会做出了这样的规定：

本届奥运会只接受 30 家赞助商，每一个行业选择一家，每家至少赞助 400 万美元，赞助者可以取得在本届奥运会上某项产品的专卖权。鱼饵放出去之后，各家大企业都纷纷抬高自己的赞助金，希望在奥运会上让自己的产品一炮而红。

最后，经过多家公司的激烈竞争，尤伯罗斯获得了 3.85 亿美元的赞助费。他的这一招的确比较厉害：1980 年的冬季奥运会的赞助商是381 家，总共才筹集到了 900 万美元。

最后一招就是"卖奥运"。

尤伯罗斯的手中拿着奥运会的大旗，在各个环节都"逼"着亿万富翁、千万富翁、百万富翁及有钱的人掏腰包。火炬传递是奥运会的一个传统项目，每次奥运会都要把火炬从希腊的奥林匹克村传递到主办国和主办城市。尤伯罗斯为首的奥运会组委会规定：自由报名参加火炬传递，但凡是参加火炬接力的人，每个人要交 3000 美元。很多人都认为，参加奥运会火炬接力传递是一件人生难逢的事情，拿 3000 美元参加火炬接力绝对值得。就是这一项，他就又筹集了 3000 万美元。

奥运会组委会规定：每个厂家必须赞助 50 万美元才能到奥运会做生意，结果有 50 家杂货店或废品公司也出了 50 万美元的赞助费，获得了在奥运会上做生意的权利。组委会还制作了各种纪念品、纪念币等，到处高价出售……

尤伯罗斯就是凭着他的奇思妙想，使全世界的富翁都为奥运会出钱，他则不断地把钱扫进奥运会组委会的腰包里……

结果怎么样呢？美国政府和洛杉矶市政府没有掏一分钱，最后盈利2.5 亿美元，创造了一个世界奇迹。从此，奥运会的举办权成了各个国家争夺的对象，竞争越来越激烈。

尤伯罗斯的奇思妙想确实令人惊叹，事实证明创新确实是突破困境的绝妙武器，善于创新的人就不会在困难面前一蹶不振。

那么，怎样才能拥有这种创新能力呢？

（1）尝试变化

这是一个瞬息万变的世界，你要想求得更大的发展，就必须尝试着去变化。比如你完全没必要整天守着一条路线，你不妨换条路回家，换一家餐厅吃饭，过一个同以前完全不同的假期。

如果你在目前的工作中受到了限制，你可以试着去对生产、会计、财务等发生兴趣，这样可以扩展你的能力，为你以后的更好发展打下坚实的基础。

（2）积极进取

悲观的人永远都不会成为成功者，成功者总是充满信心面对未来的发展。

要在激烈的竞争中发展壮大自己，就必须时刻保持创新的心态，积极进取。

（3）以更高的标准要求自己

成功者在追求发展的过程中，都会为自己不断地设定更高的标准，不断寻找更有效的方法，或者降低成本以增加效益，或者用比较少的精力做更多的事情。"最大的成功"永远属于那些认为自己能把事情做得更好的人。

你不妨做这样一个练习：

每天，在开始工作之前，都花10分钟想："今天我怎么才能把工作做得更好呢？""今天我怎么激励我的员工呢？""我还能为顾客做点什么呢？""我怎么才能让自己的工作更有效率呢？"

要知道你的心理态度决定了你的能力。你觉得你能做多少，你就做多少。如果你相信自己能做得更多，那么你就能创造性地想出各种办法。

（4）不断地学习

成功者为求得更大的发展，总是在孜孜不倦地学习。学习有很多种渠道。这里重点说说向别人学习以提升自己的创造力。

你的耳朵就是你自己的接收频道，它为你接受很多的资料，然后转变成创造力。我们当然不会从自己说的话里有什么收获，但是却能从"提问题"和"听"中学到不少的东西。

（5）注意把握机会

成功者不会放弃任何一个发展良机，哪怕这个机会只是偶然的一个灵感，他们都会用发展的眼光对待它，这样你才能真正地把握住每一个机会。

（6）激发灵感

成功者永远都不会满足于自己目前的成就，他们擅长于以各种方法激发自己的灵感。下面简单介绍两种方法，希望对你能有所帮助：

你可以参加一个本行人组建的团体，定期同他们聚会，但是你必须选择一个有朝气的团体。要经常同那些有潜力的人交往，倾听他们的意见，听他们说："那个会议给我一个灵感。""我在这个聚会中突然有了个好主意。"请注意，孤独闭塞的心灵很快就会营养不良，变成贫瘠的土壤，再也没有创造力了。因此经常从别人那里获得一些灵感，是最好的精神食粮。

或者，至少参加一个外行的团体，认识一些从事着不同工作的人，会帮你开拓眼界，看到更遥远的未来。很快你就会知道，这样会对你的本行工作有多大的促进作用。

遭遇困境时，不一定非要在摩肩接踵的老路上艰难前行，大胆地选择一条别人未曾走过的路，你反而可能会突破困境、迅速崛起。

3. 坚忍使成功变为可能

人活一辈子，总会有陷入逆境的时候，而要突破逆境，有一个小细节是必须要注意的，那就是坚忍。只有坚忍才能"守得云开见月明"。

陷入逆境后，很多人往往会变得急躁，人一急躁则必然心浮。心神不宁，就无法深入到事物的内部中去仔细研究和探讨事物发展的规律，无法认清事物的本质。一句话，缺乏忍耐，心浮气躁就无法战胜困境。

在别人都已停止前进时，你仍然坚持；在别人都已失望而放弃时，你仍然进行。这是需要相当的勇气的。然而，使你得到比别人更理想的位置，更高的薪资，使你做到人上人的，正是这种坚持力。这种忍耐的能力，是一种不以喜怒好恶改变行动的能力，也是扭转逆境的最后希望。也只有坚忍的人才能获得最终的胜利。

吴一坚先生原本只是一名普通的工人，在改革开放大潮中他开始了在困难中忍耐发展的征程。1984 年他毅然辞去西安一家工厂的工作，怀揣 600 元人民币只身到广州打工。1985 年离开广州，来到海南发展，成为海南的第一批弄潮儿。

经过周密的调查，吴先生准备在海南筹建一座年产 20 万台的电视机厂。当时，很多人无法想像他是如何去做这样的大事的。在一般人看来，建一座年产 20 万台电视机的公司是天方夜谭，而吴一坚这个 27 岁的北方小伙子却想搞这样大的工程，因为他了解当时整个中国市场电视机的紧俏和海南刚刚起步的特点。他认为一个人只有善于了解周围的环境，才能调动周围的一切有利因素，以最快的速度、最小的投入换来高速度与高效益。于是，他以"经营 25 年之后，厂房设备拱手让出"的方式圈地，又以"预交 3% 质量保证金"的方式将厂房建设工程承包出去，以"生产以后80%的电子元件由香港一家公司供给"的许诺，令其先投资。

为了联系全国大电视经销商，他亲自出马，几乎是一天24小时都在赶车谈判，全国各大电视经销企业被吴一坚的真诚和执著打动，纷纷交足预订款，提前预订了产品，解决了资金周转的问题。

外部环境理顺以后，吴先生一头扎进了工地。工资不能及时支付时，工人们怠工，他一个个地去解释，把自己身上所有的钱发给工人。就这样，吴先生靠着坚忍和真诚，使工人们与他同甘苦共患难，终于以超常的速度建成了一座大型电视机厂。

就这样，靠着苦干和坚韧不拔的意志，吴一坚把第一批电视在海南这块炙热的孤岛上"摇"出来的时候，时间满打满算只有10个月。投产后，公司资产由他怀揣的600元变成了3亿元。

看到吴先生拥有3亿元的资产，有人只是欣羡吴一坚发了大财，但其间的艰难和孤独的忍耐又有谁能知道？

"三十年河东，三十年河西"的中国古话，是告诉我们虽然目前处于不幸的困境中，但终究会有峰回路转、柳暗花明的一天。对前途抱乐观的希望，忍耐现在的痛苦，等待时来运转是十分有价值的。

人们常说"失败是成功之母"，这不是励志的格言，而是通过辛酸苦辣的生活得到的真理。人生中，经过一次失败，便加一分知识，长一分经验。失败越多，最后取得的成就也越大。

成功的机会对于每个处在艰难困境中的人都是均等的，但是，成功并不是每个人都能获得的，它属于坚忍者。在逆境中崛起须有坚忍之志，而坚忍之志来源于对事业孜孜不倦的追求。

人生难免遇到不顺遂，这时候我们一定不能忽视了坚忍的力量，因为只有坚持和忍耐，才能把不可能变为可能。

4. 逆境中要调整好期望值

挫折是谁也不希望，但又常常不期而至的，它包括：竞争失败，事业受挫，失恋及天灾人祸等等。遇到困境时，有人悲伤、有人失望、有人屡败屡战，但是很少会有人注意调整自己的期望值。有时只要改变一下期望值，你就会拥有进取的动力，更快地走向成功。

同是身处逆境，为什么对有些人会成为动力，助其走上人生的良性循环，而对有的人却是阻力，使其陷入困境不能自拔呢？考察可知，当人面临挫折造成的强大压力时，会出现两种应对模式：

一种是只看到困难、威胁，只看到所遭受的损失，后悔自己的行为或怨天尤人，而整天处于焦虑不安、悲观失望、精神沮丧之中。

另一种则是面对现实，认识自己遭受挫折的原因，使自尊心、自信心、主观能动性和情感的自我控制都得到增强，从而战胜困境，成为生活的强者。

小姜是一个普通的农村青年，见村庄里在外地打工的人大都能有一个好工作，很好挣钱，有的还发展了自己的事业，于是放弃了得来不易的在当地乡镇企业工作的机会，盯上了上海，满怀着希望走上外出打工创业的路。在他的想像中，他会像别人一样找到一个好工作，挣很多钱，并很快发展起自己的事业。但现实却相当严峻，他连个能糊口的工作也难以找到。其实别人有别人的打工经验、创业基础以及各种条件，他只是个毛头小子，人生路上尚一片荒漠，怎能期望值过高呢？现实并不亏待谁，只不过不会额外透支而已。所以你得从自身情况出发抱相应的"期望值"，不能脱离实际，不着边际。

人们多存在对自己期望值过高的问题，所以都应降低一点，因为低目标更易实现，更易品尝到成功的喜悦。在社会中，人们爱幻想，好憧憬，往往对现实的艰巨性、复杂性估计不足，那些一直处于顺境或有过成功体验的人，更容易染上好高骛远、自以为是的毛病。有个大学生在企业工作两年后，总结自己的挫折时说"当初我把工作看得十分神圣、美好，就像一首诗。不是有句话'海阔凭鱼跃，天高任鸟飞'吗？当时我太相信这句话了，总以为到了企业我就可大显身手、大展抱负了。其实一切都不是自己想像的那样，想像永远是高于现实的！"这番话颇能反映大多数年轻人涉世之初者的状况和境遇。

期望值是一种理想，也是一种目标，有期望值正是人们积极向上的表现，也会对人们的追求和进取产生动力，但期望值必须合适，合适的期望值在人生成长中能产生积极的影响。现实是复杂的，不断变化着的，期望值也只是个变数。善于适时适情调整期望值也是一种识时务，是明智的、有风度的高逆境商的表现。反之，必然会在逆境中沉没。

李晓就是这样一个不善于调整期望值的人。他是一家外企的员工。他一直兢兢业业，表现很好，期望有一个提升的机会。他的上司也曾暗示，他大有希望被提升。于是他开始设想新的职位可能带来的变化：工作更加轻松、有趣，薪金也会增加，他能够住进更好的房子。不幸的是，在预期提升前的两个月，公司被兼并了，提升一事被搁置。更糟糕的是，新公司启用了他们原有的职工。李晓发现，他一直企盼的职位被一个同事顶替了。他为此深感愤怒，继而陷入抑郁。与提升有关的所有计划、期望和目标全都化为泡影了。他告诉自己，事情从来都不会对他有利，再努力也是白费。他反复考虑这件事的不公平性，却没有能力改变现状。其实他的思想正在进行一场永远不会得胜的战斗。因为他不善于调整自己的期望值，所以他是一个无法适应环境变化的弱者。

不敢面对现实的人是懦弱的人，敢于接受现实才是一个勇敢者。现实中，有些事情是我们不能左右的，但有一点是明确的，即我们在左右不了现实时，可以左右自己对现实的态度。如果我们改变态度，将每次的失意当做是考验和磨练自己心情的机会，把它作为超越自我的一次机遇，那么，我们就会不再那么激愤，甚至还可能感谢对手。生活中遭遇挫折是很正常的事，关键是不能让它成为一种消极情绪，而要让它作为反省自我、调整自己的触媒和契机。

逆境中，不要再只顾哀叹命运或抱怨生活，你应该学会正视自己，调整自己的期望值，这样做不是半途而废，而是一种实事求是的智慧。

第七章　仪表举止：
别让细节毁了你的魅力

　　人的魅力来自于人的气质和修养，表现在形象与仪态上，可以说仪表举止是一个人道德及文化素养的外在表现形式，讲究仪表、举止的人，一定会受到人们的尊重和喜爱。因此，生活中我们一定要拘于小节，在日常生活中时刻注意自己的言行举止，要以得体的穿着，高雅的言谈举止体现你的礼貌与魅力，让自己在各种社会交往中如鱼得水，顺畅自如。

1. 衣着打扮不能小看

俗话说："人靠衣服马靠鞍"，这充分说明了着装对一个人的重要性。着装虽然是小节，但如果你能不把它当小节看，那么在美化了自己的同时，你也就会赢得更多人的尊重。

一个衣着邋遢的年轻人冲进某公司的经理室，"你们的面试官说我衣着不整，拒绝录用我！你们凭什么以貌取人？我这叫'不拘小节'！看看我的学位证，看看我设计的作品，我是最优秀的！"办公桌前的经理打量了一下年轻人，然后温和地说："小伙子，你所应聘的设计工作要求是很高的，不但设计出来的作品要新颖，有美感，还要求工作者对工作严谨负责，一丝不苟。而'不拘小节'的你似乎真的不太适合这个工作。"

一个连自己的着装都打理不好，对自己的仪表都不负责的人，真的很难令人相信他有多高的天分、多严谨的工作态度。不管你的实际能力如何，真实的人品怎样，别人对你的第一印象都是受到着装打扮的影响的。因此你一定要穿出美感，利用着装展现个人魅力，赢得别人的好感和喜欢。

得体的着装并不要求穿得华贵，而是要在细节上下功夫，使服装搭配得协调、有美感，下面就是着装要注意的一些细节：

（1）体现个性，与交际环境协调

人置身于不同的社交场合、不同的群体环境就应该有不同的服饰打扮。在交际活动中，要考虑环境因素，除职业上需要的统一正式的职业装外，服饰穿戴要具有个性特点。在选择服装的款式、颜色、材料上要根据自己爱好、气质、修养、审美特点等，选择充分体现自身个性的服饰，使服饰与个性"相映生辉"，给他人以强烈的美感，从而穿出你独特的一面，在交际过程中产生积极、良好的影响。著名的英国前首相撒切尔夫人，素有"铁女人"之称，个性鲜明，在服饰穿戴上也有自己独到的见解。她说："我必须体现出职业特点和活力。"她认为，女性过分化妆容易给人以男人的玩物、花瓶之类的"浅薄感觉"。所以，她爱着深色、凝重的服装，这样显得严谨、高雅、庄重，突出了一位女政治家的个性风采。

体现个性风格，并非随心所欲，这里还有着装的交际环境、气氛的限制，服饰要与整体的交际环境、气氛相协调。只有这样才有个性着装可言。比如说，在办公室上班要穿典雅庄重的职业装，女士以职业裙装为最佳。出席婚礼，服饰的色彩可略微鲜艳明亮一些，但不可过度，否则有压倒新娘之势，这是不礼貌的。而参加葬礼吊唁活动，则应着深色凝重的衣服。身居家中，可穿舒适的休闲服装甚至是睡衣，但若突然有客人拜访，则应立即到卧室中换装与客人见面。在运动场上，则要穿着适合运动的服装。

除与交际环境相协调外，还要注意与交际对象协调，以缩短彼此之间的距离，创造和谐融洽的交际气氛，使整个场合的气氛更加热烈，这样服饰美的目的也就达到了。

（2）服饰选择与自身的社会角色相协调

在社会生活中，我们每个人都扮演着不同的社会角色，因此也就有着不同的社会规范，在服饰穿戴上也就有区别了，我们应尽量做到服饰与角色相吻合。如果你现在置身家中，身份是太太或先生，你可以随心所欲，自由着装；如果你现在的角色是办公室职员，需要与同事或上司交往，你的着装则需要符合办公室礼仪，男士着西服，女士着套裙；假如你现在的身份是路上行人或公共场所的一员，则你的着装需要符合社会道德规范，要不伤风化和大雅。服饰美的创造必须与个人的角色特征密切吻合，这才能显示出服饰美的魅力。

（3）服饰穿戴与自身的先天条件相协调

社交活动中的人们，都希望自身的服饰美丽，给他人以美的享受，所以千方百计地追求服饰美。为了达到美化的目的，服饰的穿戴要注意扬长避短。我们在选择服饰的时候，不仅要考虑服饰的颜色、质地、款式，还要充分结合个人的脸型、身材、肤色等来着装。针对不同肤色、身材，提供以下一些着装参考。

①肤色与服饰匹配适当。中国人多为黄种人，一般说来，不宜选择与肤色相近或颜色较深暗的衣服，如，土黄、棕黄、深黄、蓝紫等，因为它们使得"黄"人更"黄"。通常适宜穿暖色调的衣服，如，红、粉红、米色及深棕色等。但黄种人中皮肤白净者，则无论何种深色或浅色的服装都合适。皮肤黝黑者，适合穿暗色衣服，如，铁灰、藏青等，最忌穿纯白色衣服。中国人对人体美的审美观不同于黑色人种。中国人喜爱洁白、红润、有光泽的肤色，追求的基调是"白"；黑种人喜爱肤色的黝黑油润，追求的基调是"黑"。所以，非洲人大都喜爱白色服饰，目的就是为了突出他们皮肤色泽的"黑色美"，而中国人如果以白突出黑就无美可言了。

②体型与服饰合理搭配。

身材矮小者，适宜穿造型简洁、色彩简单明快、小碎花型图案的服饰。

身材高大者，若修长则各种服饰皆可；若稍胖，宜穿条形、不太肥的衣服。

肩过窄者，适合穿柔软、贴身的深色上衣，穿袖口挖得很深的背心。

肩过宽者，适宜穿大翻领、带垫肩的衣服，脖系丝巾或围巾，穿横条纹上衣。

腿粗者，适宜穿长裤或拖地长裙，直线条纹的裙、裤，下身选择深色系列，脚穿镂空的高跟鞋。

腿细者，适宜穿横条纹的裙、裤，或不太紧的长裤，注意裙长及膝或膝下3厘米左右，不可选择高于膝盖以上的短裙或超短裙；穿浅色服装和丝袜，脚穿式样简单的低跟或平跟凉鞋。

腿短者，适宜穿直线条纹的裤、裙，或高腰长裤，如穿裙子则下摆必须合身，脚穿高跟鞋。

腿长者，如穿裙子，最好过膝，系宽皮带，外衣长度要过腰部；长裤要与臀部紧贴，长度适中，裤脚反折。

V形腿者，如穿裙子，则裙子的长度要盖过小腿的弯曲部分；也可穿各式长裤、喇叭裤，忌穿短裙、紧身裙、牛仔裤；配以低跟鞋子。

后背太宽者，适宜穿有直线条花纹、剪裁合身的上衣，不要垫肩，注意露背装的吊带要宽些，头发长度要过肩。

后背太窄者，适宜穿有横线条花纹或图案，蓬松宽大的上衣，袖子与肩部接缝处要稍微宽些。

胸部太大者，上衣前胸的花色要尽量素雅，以直线条花纹为佳。选择蛋形、V字形和方形领口，衣料质地要柔软，轻盈飘逸。

胸部太小者，宜戴垫有厚海绵的胸罩，穿宽大的上衣，长背心或短装，利用花边、蝴蝶结扩大前胸的视线范围。在衣服的中腰部分，要用鞋带式的交叉系线。

大腹者，适宜穿紧松适度的裙、裤，选择长度盖过腹部的罩衫、束腰外衣，穿A字裙及腹部宽松的西装，或深色裙装、裤装。

粗腰者，适宜穿柔软的罩衫或毛衣，选择盖过膝盖的外衣、H形套裙，服装要尽量选用深色系列。

（4）服饰穿戴要与季节相协调

除了以上几点着装时需要注意外，一般情况下，我们的服饰穿戴还要与四季气候条件相协调，除非有特殊的表演等需要，否则，违背自然规律着装，不是热着了，就是冷着了，影响个人健康不说，与他人、与社会格格不入的着装不仅无美感可言，还有损个人形象。一般说来，春、秋季气候不冷不热，适宜穿着浅色调的薄厚适中的衣服；而冬、夏季就偏冷或偏热了，与之相适应，我们的着装则应该相应地偏厚或偏薄。如同样是裙装，夏天应着薄型面料的，而冬天则应该穿厚面料的裙子。且夏季服装颜色以浅色、淡雅为主，冬季以偏深色为主，如深蓝、藏青、咖啡等色。

总之，在着装打扮时一定要精雕细琢，充分展现自己的风采，提升个人魅力。

2. 面子工程不能"偷工减料"

所谓的面子工程也就是对仪容的修饰。无论男女，仪容都是一个不可忽视的细节，修饰仪容不仅是为了展现美感，同时也是对别人的一种尊重。

（1）做好面子工程

人的面部肌肤可以分为中性、油性、干性、混合性和过敏性等5种类型。中性皮肤表面光滑润泽，是较理想的皮肤；油性皮肤表面油亮，毛孔粗大，易生粉刺；干性皮肤皮脂分泌少，毛孔细小，皮肤缺少弹性，易生皱纹；混合性皮肤的额、鼻、下巴等部位为油性皮肤，其他部位为干性皮肤；过敏性皮肤对某种物质较为敏感，一经接触就会出现红肿、斑疹、痒痛等症状。了解了自己的皮肤类型后，我们装扮起来会更加得心应手。

面部修饰需要对面部进行必要的化妆，尤其女人更应如此。下面我们针对女性的化妆，谈谈化妆的一般技巧与化妆的步骤。

第一步：清洁面部。对于面部的清洁，可选用清洁类化妆品去除面部油污，然后再用清水洗净。在基面化妆前，应在清洁的面部，涂上护肤类化妆品。

第二步：基面化妆。基面化妆又叫打粉底，目的是调整皮肤颜色，使皮肤平滑。化妆者可根据自己的皮肤选择合适的粉底，并根据面部的不同区域，分别敷深、浅不同的底色，以增强脸部的立体效果。

第三步：眉毛的整饰。整饰眉毛时，应根据个人的脸型特点，确定眉毛的造型。一般是先用眉笔勾画出轮廓，再顺着眉毛的方向一根根地画出眉型，最后把杂乱的眉毛拔掉。

第四步：涂眼影，画眼线。眼影有膏状与粉质之分，颜色有亮色和暗色之别。亮色的使用效果是突出、宽阔；暗色的使用效果是凹陷、窄小。眼影色的亮、暗搭配，在于强调眼睛的主体感。涂眼影时，应在贴睫毛的部位涂重些，两个眼角的部位也应涂重些。宽鼻梁者涂在内眼角上的眼影应向鼻梁处多延伸一些，鼻梁窄者则少延伸一些。

第五步：涂腮红。涂腮红的部位以颧骨为中心，根据每个人的脸型而定。长脸型要横着涂，圆脸型要竖着涂，但都要求腮红向脸部原有肤色自然过渡。颜色的选用，要根据肤色、年龄、着装和场合而定。

第六步：涂口红。涂口红时，先要选择口红的颜色，再根据嘴唇的大小、形状、薄厚等用唇线笔勾出理想的唇线，然后再涂上口红。唇线要略深于口红色，口红不得涂于唇线外，唇线要干净、清晰，轮廓要明显。

化妆后要仔细检查一遍，尽量少显露修饰痕迹，主要看一下你的化妆与衣着、发型是否相宜，与你自己的年龄、身份、气质等是否相称。

（2）好形象从头开始

发型修饰就是在头发保养、护理的基础上，修剪、梳理出一个适合自己的发型。美观、恰当的发型会使人精神焕发、充满朝气和自信。发型修择的要点如下：

①按脸型选择发型。

好的发型设计能起到修饰脸型的作用。人的脸型可分为椭圆脸、圆脸、长脸、方脸四种。椭圆脸是东方女性的标准，可选任意发式；圆脸型的人应将头顶部的头发梳高，并设法遮住两颊，使脸部看起来显长不显宽；长脸型的人，应将刘海向下梳，遮住额头，两侧的头发要蓬松，以减少脸的长度；方脸型的人，可让头发披在两颊，掩饰棱角，使脸部看上去圆润些。

②按身材选择发型。

根据自己的体型选择发型也是很重要的。高身材以中长发或长发为宜。如果身材瘦高，则头发轮廓以圆形为宜；如果身材高且胖，则头发轮廓应以保持椭圆形为宜。矮身材以留短发为宜，或将头发高盘于头顶。

③根据职业和环境选择发型。

商界男士可选择青年式、板寸式、背头式、分头式、平头式等发型；职业女性的发型应文雅、庄重；公关小姐的发型应新颖、大方。

④发型要适合年龄。

少年应以自然美为主，不宜烫发、吹风；青年人发型可以多种多样；中年人宜选择整洁简单、大方文雅的发型；老年人则应选择庄重、简洁、朴实的发型。

⑤选择发型要看发质

有些发型从年龄、身材、脸型等方面考虑都适合自己，但如果发质不合适，也不会收到好效果。

修饰仪容可以使你的容貌扬长避短，进一步提升你在社交活动中的形象与魅力，因此面子工程虽属小事，但却不可马虎。

3. 介绍的礼节不可忽视

在日常生活中，为两个或几个不熟悉的人相互介绍是常有的事，但介绍时的礼仪却常作为细节被人忽视了。其实在交际场合中，介绍礼仪是非常重要的，我们应当重视并掌握介绍的礼仪。

（1）介绍的方式

在社交场合，根据不同的介绍环境和介绍条件来划分，可以将介绍分为不同的方式。

按照社交场合的正式与否来划分，可以分为正式介绍和非正式介绍。正式介绍应严格遵守介绍程序，比如，中央首长接待外宾，首先按照职务高低先向客人一一介绍陪同人员的姓名与职务，然后是来访者向东道主一一介绍随同来访人员的职务与姓名，这种外交场合的介绍非常严格，不能有一丝疏漏。又比如举行某一会议，会议举办者应按职位高低向与会者一一介绍参加会议的领导，不能有遗漏或者姓名与职务的张冠李戴。

非正式介绍比较随便。按照介绍者的位置来划分，可以分为自我介绍、他人介绍和为他人做介绍。自我介绍和他人介绍，介绍者的我和被介绍者的我都处于当事人的位置。为他人做介绍，则介绍者处于当事人之外的位置。

按照被介绍者的身份、地位、层次来划分，可以分为重点介绍和一般介绍。对于重要的人物，如，身份高者、有社会影响者、有突出贡献者、年长者和贵宾可做重点介绍。

（2）介绍的方法

根据对介绍方式的划分，我们就其中比较重要的，并经常使用的几种方式进行分析，以期掌握不同介绍方式的具体方法。

①自我介绍

自我介绍是交际场合中常用的一种介绍方式。在许多人交谈或聚会的场合，如果你要和一个不相识的人谈话，首先应该做自我介绍，表明自己的身份。自我介绍时，介绍者就是当事人。其基本程序是：先向对方点头致意，得到回应后再向对方介绍自己的姓名、身份和单位等，同时递上事先准备好的名片。也可先请问对方的姓名，待对方注意自己时，再简洁地介绍自己。若能找出与对方的有关、相似处，则容易彼此沟通。

如果见面双方，一方是主人，一方是宾客，则作为主人一方通常应主动打招呼，以示不但知道客人来访，而且表示高兴与之会见。

在向别人做自我介绍时，表情态度要自然大方，充满自信，从而增加交往的信任感，否则，会造成沟通的障碍。目前，在西方大多数国家，自我介绍的风气已经不同程度地形成，它能打破无人介绍的僵局，显露出热情和坦率。

关于他人进行自我介绍的几个问题：

对方做自我介绍时应避免直言相问、缺乏礼貌；

不要涉及对方的敏感问题，如年龄、收入等等；

他人做自我介绍时要仔细聆听，记住对方的姓名、职业等。当他人自我介绍后，你也做相应的自我介绍，这才是礼貌的。

②他人介绍

他人介绍，是指在社交场合由他人将你介绍给别人。由他人做介绍，自己处于当事人的位置，因此，应该站在另一位被介绍人的对面，待介绍完毕，应主动与对方握手，说声"见到您真高兴"、"认识你很幸运"等。也可递上自己的名片，并请对方多指教、多关照等。如对方愿意交谈，你应表示高兴交谈，对方让你稍等并表示歉意，你应说"没关系"，并耐心等待。

③为他人做介绍

为他人做介绍时，介绍者处于当事人之外。因此，介绍之前必须了解被介绍双方各自的身份、地位，了解双方是否有结识的愿望等。如果被介绍双方虽未谋面，但已耳闻对方秉性，只要有一方对对方无甚好感，介绍就会令人尴尬。在介绍时，应坚持受到特别尊重的一方有了解对方的优先权的原则，即介绍的先后顺序应当是：先向身份高者介绍身份低者；先向年长者介绍年轻者；先向主人介绍来宾；先向女士介绍男士；先向先在场者介绍后到者。在口头表达时，先称呼身份高者、年长者、主人、女士和先在场者，再将对方介绍出来，尔后介绍先称呼的一方。

在介绍时，手势动作应文雅，无论介绍哪一方，都应手心朝上，手背朝下，四指并拢，拇指张开，指向被介绍的一方，并向另一方点头微笑。切忌伸出手指指来指去，尤其对年长者、身份高者更要注意。必要时，可以说明被介绍的一方与自己的关系，为双方找一些共同的谈话材料，如双方的共同爱好、共同经历或相互感兴趣的其他事物与话题，以便双方相互了解和信任。

④集体介绍

集体介绍一般可采取的方法有两种：一种是将一人介绍给大家。这种方法适用于在重大的活动中对于身份高者、年长者和特邀嘉宾的介绍。比如：电视台的节目主持人把身边特邀嘉宾主持介绍给直播现场的朋友和电视机前的观众朋友，"这位是著名演员×××，我们有幸请他为我们主持节目。"介绍后，可让所有的来宾自己去结识这位被介绍者。另一种是将大家介绍给一人，这种方法适用于在非正式的社交活动中，使那些想结识更多的、自己所尊敬的人物的年轻者或身份低者满足自己交往的需求，由他人将那些身份高者、年长者介绍给自己。这种介绍也适用于正式的社交场合，某主要领导人对其特殊下属（如劳动模范、有突出贡献者等）的接见，还适用于两个处于平等地位的交往集体的相互介绍。

⑤商业性介绍

商业性介绍的目的，在于通过介绍使双方相识、了解、信任之后，进而建立某种贸易性的往来关系。这种介绍方式随着市场经济的发展，已被越来越多的人所认同，并对社交性介绍产生越来越大的影响。

在介绍中，不分男女老少，只凭社会地位的高低作为衡量的标准，遵从社会地位高者有了解对方的优先权的原则，在任何场合，都是将社会地位低者介绍给社会地位高者。这是商业性介绍的显著特点，成为一种约定俗成的介绍惯例。如介绍时可说："张总经理，这是我的秘书方小姐，请多关照。"然后才说："方小姐，这是××公司的张总经理。"

与一般社交性介绍不同的是，商业交往活动万不可遵循一般的介绍礼仪，当男士被介绍给比他地位低的女士时，无须起立。只有当两个人的社会地位相同时，才遵循先介绍女士这一习惯，对这一点有必要做一定的了解。

合乎礼仪的介绍可以帮助彼此不熟悉的人更多地沟通和更深入地了解，可以缩短交往双方的距离，可以帮你树立良好的个人形象，因此掌握介绍礼仪对每个人来说都是非常重要的。

4. 拜访他人要注重细节

古人云："出门如见大宾"，这就是在告诉我们，拜访他人时一定要庄重得体，遵循礼仪规则，即使是细微之处也要讲究礼节。

拜访一般分为正式拜访与非正式拜访两种。正式拜访要事先预约，准时赴约；非正式拜访一般是朋友、邻里之间的来往。但无论是哪种拜访，都要注意一些微小的细节，这样才不会引起对方的反感。

首先，在拜访之前要做好准备。

在拜访之前，我们先要做好准备工作，主要是拜访时间的选择、拜访前预约以及其他一些拜访准备工作如拜访目的等。

①选择合适拜访时间

正式的拜访，时间最好能事先征得拜访对象的意见后再确定。因为，他可能是领导，工作特别繁忙；也可能是社会知名人士，有着众多的社会活动等。非正式的拜访，时间最好能选择在节假日的下午或平时的晚饭以后，尽量避免在对方吃饭的时间前往，避免午休时间、临下班的时间前往。现在人们都有看电视"新闻联播"节目的习惯，因此，平时的拜访时间选择在晚七点半以后较为合适，但也不能太晚，以免影响对方的休息，引起对方的反感与不满。

②拜访之前先约好时间

拜访他人，应该先约好时间，以免扰乱被访者正常的工作、生活秩序，既可避免成为不速之客，也可防止找不到人。如果事先已约好，就应遵守时间，准时到达。如确有意外情况发生而不能赴约或需要改时间，要事先通知对方，并表示歉意。失约或迟到都是不礼貌的行为。

③拜访之前要安排周密

中国有句古话，叫做"无事不登三宝殿"，一般来说，拜访都有一定的目的，如需要商量什么事情，拟请对方帮什么忙等。怎样交谈更为妥当，事先也要认真地设想和安排一下，尤其是拜访身份高者或年长者更要注意谈话的方式。如果有必要，也可将你登门拜访的目的委婉地告诉被访者，使得对方有一定的准备。看望老人、病人或走亲访友、拜见上司需要哪些礼品，也要事先准备妥当。

其次，要把握拜访的礼节。

拜访者的态度、谈吐和行为的优劣将直接影响拜访目的的实现，因此可以说，文明礼貌的语言和优雅得体的举止是对拜访者永恒的要求。

第七章　仪表举止：
别让细节毁了你的魅力

具体说，拜访者要在以下几个方面予以更多的注意：

①进门之前要敲门或按门铃

到拜访对象的家或办公室，事先都要敲门或按门铃，等到有人应声允许进入或出来迎接时方可进去，不可擅自闯入；即使门原来就敞开着，也要以其他方式告知主人有客来访。否则，会被视为缺少教养。

②随身物品不要乱放

有时拜访者需要带一些物品或礼品，或随身带有外衣和雨具等，这些都应该搁放到主人指定的地方。如无指定的地方，可在征求主人的意见后，按主人的意见放置，不可乱扔、乱放。礼品一般应该放置在较为隐蔽处。

③待人接物要有礼貌

对主人房里所有的人，无论熟悉与否，都应一一打招呼。如拜访对象是位年长或身份高者，应待主人坐下或招呼坐下以后方可坐下；对主人委派的人送上的茶水，应从座位上欠身，双手接过，并表示感谢；主人端上果食，应等到其他客人或年长者动手之后，再取之；吸烟者，应尽量克制，克制不住时，应先征得主人的同意。进门后，应按主人的指引进入某一个房间，而不应该径直走进主人的卧室；如果主人家里铺有地毯等地面装饰物，则应征求主人意见，是否换鞋后再进入。

④谈话要随机应变

交谈要随机应变，交谈者除了表达自己的思想观点外，还要注意倾听对方谈话的内容，观察对方情绪与环境的变化，并注意对应。如对方谈兴正浓，交谈时间可适当长些，反之可短些；如对方发表自己的观点，应适当插话或附和；如自己谈得太多，应注意留给对方插话或发表意见与建议的时间和机会。专程到住宅拜访与顺访、闲聊不同，一般有较强的目的性。如果请主人帮忙，应开门见山，把事情讲清楚，不要含混不清，令主人无从做起。如果主人帮忙有困难，就不能强人所难，硬逼着他人去办。

⑤辞行时间把握好

在与主人交谈的过程中，如果发现主人心不在焉，或时有长吁短叹，说明他心情烦躁，或有急事想办又不好意思下逐客令，这时，来访者应及时、礼貌地提出告辞。如果主人处另有新的朋友来访，一定是有事而来，这时，即使主人谈兴正浓，也应在同新来者简单地打过招呼之后，尽快地告辞，以免妨碍他人。

⑥告辞时要彬彬有礼

不管拜访的结果如何，都应该十分注意告辞的方式。告辞之前要稳，不要显得急不可待。告辞应由客人提出，态度要坚决，行动要果断，不要嘴上说"该走了"却迟迟不动身。辞行时，应向主人及其家属和在场的客人一一握手或点头致意。此外，如果拜访某位朋友且未见到，可向其家里人、邻居或办公室的其他人将自己的姓名、地址、电话留下，以免主人回来后因不知来访者是谁而造成不安的心理。

除此之外，无论主人对你多客气，你和主人有多熟悉，以下的一些细节也千万不能忽视：

①脱下的鞋子要摆齐。鞋子脱下来乱放一气是不雅观的。鞋子擦得锃明瓦亮，人也显得潇洒，但鞋子脱下后应该放整齐，并可把鞋子靠边一点摆放，且调换一下方向，以便告辞出来时，穿着方便。禁忌进屋前先调方向后脱鞋，因为这样一来正好把屁股对向迎接你的人，就显得有点失礼了。

如果是穿着大衣去的，进门就要脱下。往回返时出了门（正门）后才能穿上。

②忌东张西望地环视四周，尽管无可笑之因，也一个劲儿地傻笑不止，这种不能安静下来的举动会使对方产生不愉快的想法，认为"大概是不太高兴与我见面吧！"

③忌用吸管喝饮料发出咕咕响声、喝汤时发出吧哒吧哒的声音、嘴里一边咕噜咕噜地吃着东西，一边又在唠叨个没完没了，这些情况都是做事不够检点的表现。

④亲昵要有分寸。例如，当对方的母亲在面前时要有礼貌，不能直呼对方绰号来开玩笑。当受到招待，主人拿出食物时，如茶和冰淇淋，一般情况是热的东西趁热吃、清凉的饮料要趁其凉的时候喝。对卖弄自己手艺的老太太要诚挚地道声感谢的话，说一声"非常好吃"之类的话。当询问其这是如何制作的时，要显得非常认真的样子，请求给予说明。

⑤上卫生间要弄得干干净净。上卫生间不论做什么都要弄得干净利落，如：整理头发洗脸时，洗脸池周围的脱发都要打扫干净，上卫生间出来时要把在里面穿用拖鞋放整齐等等。

⑥禁忌到人家里，"啪"地把装东西的袋子一扔，自己也一屁股就坐到椅子上去，也许自己不会感觉到有什么不好，但在别人眼里怎么看呢？

拜访除了要遵从客随主便的规矩外，更重要的是要记住：不要在做客时表现得不拘小节，没有主人会欢迎表现得随随便便的客人。

5. 用餐切忌不拘小节

生活中，我们常常要参加一些餐饮聚会，比如参加婚礼、同学聚会、朋友生日、同事升迁等等，这时我们一定要做到"吃有吃相"，在餐桌上不拘小节是最令人厌烦的。

当同桌的几个人围坐在餐桌旁准备就餐时，你自己一个人手拿筷子敲打碗盏或者茶杯；主人尚未示意开始，自己一个人就已经狼吞虎咽；不等喜欢的菜肴转到自己跟前，就伸长胳膊跨过很远的距离甚至站起来挑食菜肴；喝汤时"咕噜咕噜"、吃菜时"叭叽叭叽"作响；用餐尚未结束而饱嗝已经连连打出。这些现象都有碍观瞻。那么，怎样的吃相才算雅呢？

在入座之后，一面做好就餐的准备，一面可以和同桌的人随意进行交谈，以创造一个和谐融洽的用餐氛围。不要旁若无人，兀然独坐，也不要眼睛紧盯着餐桌的冷菜之类，显出一副迫不及待的样子，或者下意识地摆弄餐具。开始用餐时应注意只有当主人示意开始时，客人方可开始；用餐的动作要文雅，夹菜时不要碰到邻座的客人，也不要把盘里的菜肴拨到桌上，更不能打翻盘碗。

使用筷子也在长期的生活实践中形成了一些礼仪上的忌讳：一忌敲筷，即在等待就餐时，不能一手拿一根筷子随意敲打；二忌掷筷，即在发放筷子时要轻放，距离较远时可以请人递过去，不能随手掷在桌上；三忌叉筷，就是筷子不能一横一竖交叉摆放或一根是大头，一根是小头；四忌插筷，即不论在何种情况下，都不能把筷子插在菜上或饭碗里；五忌挥筷，在夹菜时不能把筷子在盘里翻来搅去，也不能让两个人的筷子在盘中发生交叉；六忌舞筷，也就是在说话时不能把筷子作道具在空中乱舞或者用筷子指点别人。

用餐的礼仪远不止上面所说的这些，下面再举几例并稍作说明。

①不要在用餐时当众搔痒。大家都知道搔痒的举止不雅。搔痒的原因通常多是由于皮肤发痒而引起的。其中有些属于病理的原因，例如体质过敏，皮肤好发疱、疹，有时奇痒难忍；有些属于生理的原因，如老年人因皮脂分泌减少，皮肤干燥，也容易产生瘙痒。在出现这类情况时，当事者要按所处的场所来灵活掌握。如处在极严肃的场合，就应稍加忍耐；如实在忍无可忍，则只有离席到较隐蔽的地方去搔一下，然后赶紧回来。因为不管你怎样注意，搔痒的动作总是猥琐的，总以避人为好。尤其有些人爱搔痒纯粹是出于习惯且无意识，只要人稍一坐停就不断用手在身上东抓西挠，这更是不好的习惯，应尽量克服。

②用餐时要防止发自体内的各种声响。生活经验告诉我们，任何人，对发自别人体内的声响都不太欢迎，甚至很讨厌，诸如咳嗽、喷嚏、哈欠、打嗝、响腹、放屁等等。当然，这些声响有的只在人们犯病或身体不适时才有，例如打喷嚏，常常是在一个人患感冒的时候才发生。当出现这种情况时正确的做法是用手帕掩住口鼻以减轻声响，并在打过喷嚏后向坐在身边的人说声"对不起"以表示歉意。但是，有的声响却是习惯所造成的，主要是因本人不重视、不关心别人的心理所致。比如，有些人在大庭广众之下，不断哈欠或者连连放屁，竟然也不脸红。像这样就是很不好的习惯了，应当注意改正才是。

③用餐时不要将烟蒂到处乱丢。许多人都反对在餐桌上抽烟，究其原因，与不少抽烟者缺乏卫生习惯不无关系。有些吸烟者往往不注意吸烟对别人所造成的不便，他们不了解，不吸烟者除了害怕烟味会引起呛咳外，随风吹散的烟灰也使人感到不舒服，有时带有余烬的烟蒂还容易引起事故。这些都使不吸烟者有一种自发的抵制吸烟的情绪。所以，如果吸烟者随意处置吸剩的烟头，将它们丢在地上用脚踩灭，或随手在墙上甚至窗台上撇灭等，都是很令人讨厌的。对此，也必须自觉加以纠正。

④吐痰务必入盂。随地吐痰，也是一种令人侧目的坏习惯。有些人由于积疾较深，随意将痰到处乱吐，甚至在用餐时也如此，这确实是种令人作呕的不文明行为。因为，随地吐痰之所以惹人厌恶，不仅由于痰是脏物，吐在地上会直接弄脏地面，而且还由于痰内有大量细菌，会间接污染环境，传播疾病，损害许多人的健康。所以，文明的做法应当是将痰吐入痰盂；如果周围没有痰盂，就应到厕所里去吐痰，吐后立即用水冲洗干净。

用餐的礼仪是每个人都必须掌握的，千万不要因为一时疏忽而在席间做出不雅举动，那会极大地损害你的个人形象，并给你与别人的交流带来障碍。

第八章　说话沟通：
别让细节毁了交流的桥梁

　　语言是沟通思想感情的工具，待人处事、社会交往都少不了好口才，出色的语言艺术能产生不可估量的威力和功效，而不得体的语言也能伤人至深，因此人说"药不可乱吃，话不可乱说"。粗枝大叶、不拘小节就很容易说错话，得罪人，所以在与人交谈时一定要注意细节，这样才能把话说得合人心意，自己才能受人欢迎。

1. 说话也要"忌口"

每个人都有自己不喜欢提及的话题，如果你说话口无遮拦，那么就一定会让对方不高兴。所以我们说话时也要讲究"忌口"：敏感的话题不要碰，人家的隐私不要问，否则你就会得罪人。

热衷于打听别人隐私的人是令人讨厌的。在西方人的应酬中，探问女士的年龄被看成是最不礼貌的话题之一，所以西方人在日常应酬中可以对女士毫无顾忌地大加赞赏，却不去过问对方的年龄。

人们似乎都有一大爱好，那就是特别注意他人的隐私，而且尤以注意名人的隐私为重。那些街头小报一旦出现了一篇有关某某名人的隐私，如"某某离婚揭秘"、"某某情变内幕"之类，就容易被哄抢一空。

人到了一定年龄而不结婚，似乎变成"众矢之的"，经常有人"关心"，甚至"严重关切"。遇到认识的人时，吴先生总会被问道："怎么还不结婚？""什么时候请喝喜酒啊？"被问多了、问烦了，吴先生的答案一律是——"2007吧！我大概就会结婚。"

没结婚，实在是个人的问题，但是很多人却表现出"极度关心"的态度，其实他们自己的婚姻也未必就好到哪里去。然而有的人还偷偷打听，"他长得也不错，怎么还不结婚？是不是有什么问题，有什么毛病？"害得吴先生父母真的问他，你是不是"生理"有啥毛病？

最近问他"怎么还不结婚的人"越来越多，他烦了，只好回答他们："因为我的屁股上有块疤！"

"你的屁股上有块疤？那跟你结不结婚有什么关系？"

他说："是啊，那我不结婚跟你有什么关系？"

探究别人私事确实是在自讨没趣。在与人交往中，为了避免引起别人的不快，一定要避免探问对方的隐私。在你打算向对方提出某个问题的时候，最好是先在脑中过一遍，看这个问题是否会涉及到对方的个人隐私，如果涉及到了，要尽可能地避免，这样对方不仅会乐于接受你，还会为你在应酬中得体的问话与轻松的交谈而对你留下好印象，为继续交往打下了良好的基础。

有人喜欢当众谈及对方隐私、错处。心理学研究表明：谁都不愿把自己的错处或隐私在公众面前"曝光"，一旦被人曝光，就会感到难堪而恼怒。因此，必要时可采用委婉的话暗示你已知道他的错处或隐私，让他感到有压力而不得不改正。知趣的、会权衡的人只须适可而止，一般是会顾全自己的脸面而悄悄收场的。当面揭短，让对方出了丑，说不定会恼羞成怒，或者干脆耍赖，出现很难堪的局面。至于一些纯属隐私、非原则性的错处，最好的办法是装聋作哑，千万别去追究。

在交际场上，人们常会碰到这类情况，讲了一句外行话，念错了一个字，搞错了一个人的名字，被人抢白了两句等等。这种情况，对方本已十分尴尬，深怕更多的人知道，你如果作为知情者，一般说来，只要这种失误无关大局，就不必大加张扬，故意搞得人人皆知，更不要抱着幸灾乐祸的态度，以为"这下可抓住你的笑柄啦"，来个小题大作，拿人家的失误做笑料。因为这样做不仅对事情的成功无益，而且由于伤害了对方的自尊心，你将结下怨敌。同时，也有损于你自己的个人形象，人们会认为你是个刻薄饶舌的人，会对你反感、有戒心，因而敬而远之。所以，不要故意渲染他人的失误。

在社交中，有时遇到一些竞争性的文体活动，比如下棋、乒乓球赛等。尽管只是一些娱乐性活动，但人的竞争心理总是希望成为胜利者。一些"棋迷"、"球迷"就更是如此。有经验的社交者，在自己取胜把握比较大的情况下，往往并不把对方搞得太惨，而是适当地给对方留点面子，让他也胜一两局。尤其在对方是老人、长辈的情况下，你若穷追不舍，让他狼狈不堪，有时还可能引起意想不到的后果，让你无法收拾。其实，只要不是正式比赛，作为交流感情、增进友谊的文体活动，又何必酿成不愉快的局面呢？在其他的事情上也一样。集体活动中，你固然多才多艺，但也要给别人一点表现自己的机会；你即使足智多谋，也不妨再征求一下别人的意见。独断专行是不利于社交的。此时，要给对方留点余地。

在交往中，我们有时结识了新朋友，即使你对他有一定好感，但毕竟是初交，缺乏更深切的本质性的了解，你不宜过早与对方讲深交、讨好的话，包括不要轻易为对方出主意，因为这很可能会导致"出力不讨好"。因为对方若实行你的主意，却行不通，好友尚可不计，但其他人则可能以为你在捉弄他。即使行之有效，他也不一定为几句话而感激你。除非是好友，否则不宜说深交的话。

有些事情，对方认为不能做，而你认为应该做；或者对于某事，你是箭在弦上，不得不发，而他却又认为不该做，或做不了。这时你不要把自己的意见强加到他头上。强人所难，是不礼貌、不明智的。有的人说话时旁若无人、滔滔不绝，不看别人脸色，不看时机场合，只管满足自己的表现欲，这是修养差的表现。说话应注意对方的反应，不断调整自己的情绪和讲话内容，使谈话更有意思，更为融洽。强人所难和不见机行事都是应当避免的。

你必须注意，即使是一个很好的话题，说时也要适可而止，不可拖得太长，否则会令人疲倦。说完一个话题之后，若不能引起对方发言，或必须仍由你支撑局面，就要另找新鲜题材，如此才能把对方的兴趣维持下去。

说话不能只图自己痛快，不管别人高不高兴。说话不懂得忌口虽然看似小毛病，但如果不及时改正，它却可能毁了你的人际关系，让你变成一个不受欢迎的人。

2. 说话时要注意的十个小毛病

人们在说话时都或多或少地有点小毛病，有些问题我们自己没有注意到，有些问题我们注意到了，但却认为没有什么大不了。要知道，这些小毛病可能会引起别人的反感，降低与自己谈话的兴趣，因此还是及时改正为好。

那么，常见的小毛病都有哪些呢？

①咬字不清。有的人在谈话中，常常会有些字句含含糊糊，叫人听不清楚，或者误解了他的意思。所以，不说则已，只要开口，就最好把一个字当做一个字，清楚准确地说出来。

②用字笼统。有许多人喜欢用一个字去替许多字，譬如，他在所有满意的场合，都用一个"好"字来代替。他说："这歌唱得真好！""这是一篇好文章。""这山好，水也好！""这房子很好。""这个人很好。"……其实，别人很想知道一切究竟是怎样好法。这房子是宽敞？还是设计得很别致呢？是材料很结实呢？这人是很老实呢？还是很爽朗呢？还是很能干呢？还是很愿意跟别人接近呢？还是很慷慨、很喜欢别人呢？单是一个"好"字，就叫人有点摸不着头脑。还有这样的人，用"那个"这两个字代替几乎所有的形容词，例如："这部影片的确是很那个的。""这件事未免太那个了。""这封信叫人看了很那个的。"……这一类毛病，主要是由于头脑偷懒，不肯多费一点精神去寻找一个适当的恰如其分的字眼。如果放任这种习惯，所说的话就容易使人觉得笼统空洞，没有内容，因而也就得不到别人适当的重视了。

③多余的字句。有的人喜欢在自己的话里面加上许多不必要的字眼，例如，三句话里面，就用了两次"自然啦"这个词。又有的喜欢

随意加上"不过"这两个字。有的人又喜欢老问别人"你明白么?""你说是不是?"……像这些多余的字句,最好小心地加以避免。

④说话有杂音。在说话的时候,加上许多没有意义的杂音,这比喜欢用多余的字句更令人不舒服。例如一面说着话,鼻子里面一面"哼,哼"地响着,或是每说一句话之前,必先清清自己的喉咙,还有的人一句话里面加上几个"呃"字……这些杂音会使人产生一种生理上的不快之感,好像给精彩的语言蒙上一层灰尘。

⑤喜欢用夸张的语言去强调一件事物的特性,以引起别人的注意。但也有人无论在什么场合都采用这种说法。例如:"这个意见非常重要!""这一本书写得非常精彩。""这是一部非常伟大的戏剧。""这样做法是极端危险的。""这个女人简直是无法形容的美丽。"……如此这般,讲的多了,别人也就自然而然地把你所夸大的字眼都大打折扣,这就使你语言的威信大为降低了。

⑥矫揉造作。矫揉造作有多种形式的表现,有的人喜欢在交谈中加进几句英文或法文;有的人喜欢在谈话中加进几个学术性的名词;有的人喜欢把一些流行的字眼挂在口头;有的人又喜欢引用几句名言,放在并不适当的地方。这会让人觉得你在卖弄学识,故作高深,还不如自然、平实的言语更容易让人接受。

⑦琐碎零乱。在叙说事理的时候,最重要的是层次清晰,条理分明。所以,在交谈以前,必先在脑子里把所要讲的事物好好地整理一下,分成几个清楚明确的段落,摈除许多不大重要的细节。不然的话,说起话来就会拖拖拉拉,夹杂不清了。特别是当一个人叙述自己亲身经历的时候,更容易因为特别起劲,巴不得把所见所闻,全盘托出,结果却叫人听起来非常吃力。

⑧谚语太多。谚语本来是诙谐而有说服力的话,但谚语太多也不好。用谚语太多,往往会给别人造成油腔滑调、哗众取宠的感觉,不仅

无助于增强说服力，反而使听者觉得有累赘感。

谚语只有用在恰当的地方才能使谈话生动有力。在使用谚语时，我们应尽可能使其恰当。

⑨滥用流行的字句。某些流行的字句，也往往会被人不加选择地乱用一番。例如，"××王"这个词就被滥用了，什么东西都牵强地加上"王"，如"短信王"、"原声王"，这"王"那"王"，使人莫名其妙。

⑩特别爱用一个词。有些人不知是因为偷懒，不肯开动脑筋找更恰当的字眼，还是有其他方面的原因，特别喜欢用一个字或词来表达各种各样的意思，不管这个字或词本身是否有那么多的含义。例如，许多人喜欢用"伟大"这个词，在他的言谈中，什么东西都伟大起来了。"你真太伟大了"，"这盆花太伟大了"，"今天吃了一餐伟大的午饭"，"这批货物卖了一个伟大的价钱"，等等，给别人一种华而不实的印象。因此，我们要尽可能地多记一些词汇，使自己的表达尽可能准确而又多样化。

除了以上这几点外，我们还应该注意自己的说话时的声调、身体语言等等，努力使各个方面协调得体，这样我们就能增强自己说话的吸引力了。

3. 与人交谈别犯禁忌

交谈中的禁忌大多体现在细微之外，因此常容易被人忽视，结果你莫名其妙就把对方惹得不高兴。为了避免这种情况发生，你必须检讨自己，让自己在与人交谈时不再犯忌。

一是不要总是自吹自擂。

有些人总喜欢胡乱地吹嘘自己。这种人的口才或许真的很好，但只会令人厌恶而已。

这样的家伙并非是直率，就连一件单纯的事他都要咬文嚼字地卖弄一番，看起来好像很精于大道理的样子，说穿了只是强烈的自我表现欲所产生的虚荣心在作祟。

以简单明了的词汇来发表言论，必须先充实实际内容，再以简单而贴切的词汇表达出来。若非具有这种功力，就无法具备以简单明了的词汇来表现的实力，这其实远比稍具难度的辩论更困难。

有些人乍看之下很平凡且没有可贵之处，但经过认真地交谈之后，就能够很直接地被其内在的思想所感染，这种人所使用的词汇往往最简单明了。

朋友关系必须建立在真诚之上，花哨不实的言论只适合逢场作戏。朋友是靠互相感动、吸引，而不是硬性地逼迫对方接受自己的意见。为了强硬地使对方接受自己的意见，卖弄一些偏僻冷门的词汇，来表现自己的程度高人一等，这在对方看来，只觉得和你格格不入而无法接受你的看法。

朋友必须是彼此真心真意地了解，以建立一种"心有灵犀一点通"的沟通方式为目的。彼此要在交往中培养相知相惜的情谊。

二是不要不懂装懂。

社会上一知半解的人一多，就容易流行起一股装腔作势之风。如果凡事都一无所知，心里便容易产生惟恐落于人后的压迫感，这也是人们常见的心态。在绝不服输或"输人不输阵"的好胜心作祟下，随时都想找机会扳回面子。

有位不具规模的小杂志社社长 N 先生，不管是什么场合他总喜欢装腔作势，故意地降低自己的声调来表现庄重的样子。不但如此，他还总是一副无所不知的样子，这种姿态让人觉得他好像在做自我宣传。

然而不论他再怎么装腔作势，夹着再多的暗示性话语或英语来发表高见，还是得不到他人的认同。而这位仁兄所出版的杂志，也永远上不了台面。

他所出版的刊物，总是被人批评为现学现卖、肤浅，这是因为他对任何事都喜欢评断。当他一开口说话，旁边的人就说："天啊！又要开始了。"然后便咬着牙，万分痛苦地忍着。这和说大话、吹牛并无不同。自己本来没有高人一等的智慧，却装出一副什么都知道的样子，这样会让人看作是虚张声势的伪君子。

在朋友关系中最令人敬而远之的，就是这种一点也不可爱的男性。

承认自己也有不知道的事并不丢人，为了要自抬身价而不懂装懂，一旦被对方看穿，反而会令对方产生不信任感而不愿与你交往。

"闻道有先后，术业有专攻"，每个人都有自己的专长，不可能每件事都很精通。

愈是爱表现的人，愈是无法精通每件事。交朋友应该是互相地取长补短，别人比自己专精的地方就不耻下问。即使是自己很专精的事，也要以很谦虚的态度来展现实力，这样才能说服他人。

所谓很谦虚的态度，是指对于自己专精的事物，不妨表示一下自己的意见，只是说话技巧要高明。

现代社会可以说是一个高度复杂的信息时代，每个人所吸收的知识都不可能包含万事万物。若不以虚心的态度与人交往，如何能够受到大家的欢迎。凡事都自以为是的人，必然得不到大家的尊敬。

不论是不懂装懂或是真的无知，都同样有损交际范围的扩展。

三是切记避免随意附和别人。

每个人讲话都有其独特的方式，无论是讲话的语言还是手势，都具有个人色彩。例如美国人最擅长以夸大的动作，表现自己内心感受的极限；欧洲人和东方人则比较含蓄、内敛，不轻易把自己内心的感受，一五一十地表现于外。

但也不能一概而论，在现代的政治舞台和商业舞台中，夸张的演出已经蔚为风气。

社交活动和说话一样，需要借助情感的大力支援，也就是必须集中情感来表达才能打动人心。人并不是机器人，说话一定会有抑扬顿挫。

谈话必须要加入自己的意见才能成立，有的人总是习惯于附和别人说的话，但这种没有自己思想的附和语词，并不能表现出个人的独立人格与意见。

许多人在交谈时有"我同意……但是我认为……"的习惯用语。其实在朋友交谈中，朋友想要听的是你个人的看法，而不只是要你附和地回答："是的。"要让自己成为更独特的人就必须与一般人有所区别，尽量地表现出自己独特的看法。

四是不要使用质问或批评的语气。

用质问式的语气来谈话，是最易伤感情的。许多夫妻不睦，兄弟失和，同事交恶，都是由于一方喜欢以质问式的态度来与对方谈话所致。除遇到辩论的场面，质问是大可不必的。如果你觉得对方的意见不对，你不妨立刻把你的意见说出，何必一定要先来个质问，使对方难堪呢？有些人爱用质问的语气来纠正别人的错误，这足以破坏双方的情感。被质问的人往往会被弄得不知所措，自尊心受到大大的打击。尊敬别人，是谈话艺术必须的条件，把对方为难一下，图一时之快，于人于己皆无好处。你不想别人损害你的尊严，你也不可损伤别人的自尊心。

对方谈话中不妥当部分，固然需要加以指正，但妥当部分也须加以显著的赞扬，这样对方因你的公平而易于心悦诚服。改变对方的主张时，最好能设法把自己的意思暗暗移植给他，使他觉得是他自己修正的，而不是由于你的批评。对于那些无可挽救的过失，站在朋友的立场，你应当给予恳切的指正，而不是严厉的责问，使他知过而改。纠正对方时，最好用请教式的语气，用命令的口吻则效果不好。要注意保存或激励对方的自尊心。

这几种毛病虽小，但如果不加以注意，就会影响我们的谈话效果，因此你应该对照反省一下自己，有则改之，无则加勉。

4. 自以为是害处多

说话时千万不要太自以为是，这个小毛病会让你成为最不受欢迎的人，没有任何人会喜欢别人总跟自己针锋相对。

自以为是的人总喜欢反驳别人的观点，与人争论，并且一定要在争论中占上风。其实，即使你真的比别人见识多，也不应该以这种态度去和别人说话。你简直不为对方留一点余地，好像要把他逼得无路可走才心满意足。相信你并没有想到这一层，但实际上你却是这样做的。这个不起眼的小毛病使你自绝于朋友和同事，没有人愿意给你提意见或建议，更不敢向你提一点忠告。你本来是一个很好的人，但因为总是自以为是，朋友、同事们都远你而去了。惟一改善的方法是养成尊重别人，不和人争论的习惯。首先你要明白，在日常谈论当中，你的意见未必是正确的，而别人的意见也未必就是错的。把双方的意见综合起来，你至多有一半是对的。那么，你为什么每次都要反驳别人呢？大概有这种坏习惯的人当中，聪明者居多，或者是些自作聪明的人。也许他太热心，想从自己的思想中提出更高超的见解。他以为这样可以使人敬佩自己，但事实上完全错了。一些平凡的事情，是没有必要费心做高深的研究的。至少我们平常谈话的目的，是消遣多于研究吧。既然不是在研究讨论问题，又何必在一些琐碎的事情上固执己见呢？另外有一点你也应该注意，那就是在轻松的谈话中不可太认真了。

别人和你谈话，他根本没有准备请你说教，大家说说笑笑罢了。你若要硬作聪明，拿出更高超的见解（即使确是高超的见解），对方也决不会乐意接受的。所以，你不可以随时显出像要教训别人的神气。

当你的同事向你提出建议时，你若不能立刻表示赞同，但起码要表示可以考虑，不可马上反驳。假如你的朋友和你谈天，那你更应注意，太多的执拗能把有趣的生活变得枯燥乏味。

如果别人真的犯了错误，而又不肯接受批评或劝告时，你也不要急于求成，不妨往后退一步，把时间延长一些，隔几天再谈，否则，大家固执不但不能解决问题，反而伤害了感情。

因此，你千万要谦虚一些，随时考虑别人的意见，不要做一个固执的人，而应让人们都觉得你是一个可以交谈的人。

那么怎样做才能避免自己自以为是地与人争论呢？如果要做到既不必随声附和别人的意见，又避免和别人争论，究竟有没有两全的办法呢？答案是："有的。"注意以下细节问题可能会对你有所帮助。

①尽量了解别人的观点。在许多场合，争论的发生多半由于大家只看重自己这方面的理由，而对别人的看法没有好好地去研究、去了解。如果我们能够从对方的立脚点去看事情，尝试着去了解对方的观点，认识到为什么他会这样说，这样想，这样，一方面使我们自己看事情的时候会比较全面，另一方面也可以看到对方的看法也有他的理由。即使你仍然不同意他的看法，但也不至于完全抹杀他的理由，自己的态度也可以客观一点，自己的主张也可以公允一点，发生争论的可能性就比较的少了。

同时，如果你能把握住对方的观点，并用它来说明你的意见，那么，对方就容易接受得多，而你对其观点的批评也会中肯得多。而且，他一旦知道你肯细心地体会他的真意，他对你的印象就会比较好，他也会尝试着去了解你的看法。

②对方的言论，你所同意的部分，尽量先加以肯定，并且向对方明

114

确地表示出来。一般人常犯的错误就是过分强调双方观点的差异，而忽视了可以相通之处。所以，我们常常看到双方为了一个枝节上的小差别争论得非常激烈，好像彼此的主张没有丝毫相同之处似的，这实在是一件不智之举，不但浪费许多不必要的精力与时间，而且使双方的观点更难沟通，更难得到一致的或相近的结论。

解决的办法是，先强调双方观点相同或近似的地方，在此基础上，再进一步去求同存异。我们的目的是在交谈中使双方的观点更接近，双方的了解更深。

即使你所同意的仅是对方言论中的一部分或一小部分，只要你肯坦诚地指出，也会因此营造出比较融洽的交谈气氛，而这种气氛，是能够帮助交谈发展，增进双方的了解的。

③双方发生意见分歧时，你要尽量保持冷静。通常，争论多半是双方共同引起的，你一言我一语，互相刺激，互相影响，结果就火气越来越大，情感激动，头脑也不清醒了。如果有一方能够始终保持清醒的头脑和平静的情绪，那么，就不至于争吵起来。

但也有的时候，你会遇见一些非常喜欢跟别人争论的人，尤其是他们横蛮的态度和无理的言词常常使一个脾气很好的人都会失去忍耐。在这种时候，你仍然能够不慌不忙，不急不躁，不气不恼，将会使你能够跟那些最不容易合作的人好好地进行有益的交谈。

④永远准备承认自己的错误。坚持错误是容易引起争论的原因之一。只要有一方在发现自己的错误时立即加以承认，那么，任何争论都容易解决，而大家在一起互相讨论，也将是一桩非常令人愉快的事情。在我们谈话的时候，我们不能对别人要求太高，但却不妨以身作则，发现自己有错误的时候，就立刻爽快地加以承认。这种行为，这种风度，不但给予别人很好的印象，而且还会把谈话与讨论带着向前跨进一大步，使双方在一种愉快的心情之中交换意见与研究问题。

⑤不要直接指出别人的错误。常常规劝我们不要指出别人的错误，说这样做会得罪人，是非常不智的。然而，如果在讨论问题的时候，不去把别人的错误指出来，岂不是使交谈变成一种虚伪做作的行为了么？那么，意见的讨论，思想的交流，岂不是都成为根本没有必要的行为了么？

然而，指出别人的错误的确是一件困难的事，不但会打击他的自尊和自信，而且还会妨碍交谈的进行，影响双方的友情。

那么，究竟有没有两全之道呢？

你可以尝试用以下的方法：

首先，你不必直接指出对方的错误，但却要设法使对方发现自己的错误。

在日常生活中，大家交谈的时候，并不是每一个人都能够始终保持清醒的头脑和平静的情绪，许多人都有一种感情用事的毛病。即使那些自己很愿意跟别人心平气和地讨论问题的人，有时也不免受自己的情绪支配，在自己的思考与推论中，掺进一些不合理的成分。如果你把这些成分直截了当地指出来，往往使对方的思想一时转不过来，或是情绪上受了影响，感到懊恼异常，或者引起他的恶意的反攻，或者使他尽力维护他的弱点，这都是对交谈的进行十分不利的。

但如果在发现对方推论错误的时候，你把你交谈的速度放慢，用一种商讨的温和的语调陈述你自己的看法，使他能够自己发现你的推论更有道理。在这种情形下，他也就比较容易改变他的看法了。

很多人都有这种认识：一个人免不了会看错事情，想错事情，假使他们能够自己发觉错误所在，他们就会自动地加以纠正。但是如果被人不客气地当众指出来，他们就要尽力去掩饰，尽力去否认，尽力去争执，因此为了避免使他们情绪激动，我们就不去直接批评他的错误，不必逼他当着众人的面说："我错了，"或者"我全错了"。有的人一看到别人犯了一点错误，就要把它死盯住不放，还加以宣扬，自鸣得意地让对方为难，这是一种幼稚的举动，是一种幸灾乐祸的态度，不是一种对人友好，与人为善的做法。

小毛病也会引起大矛盾，交谈是为了促进了解，增进友谊，但自以为是的争论指责却会伤害对方感情，因此我们一定要尽力避免这种错误。

5. 注意细节才能不被误解

在人际沟通中，被人误解是常有的事。遭人误解会给你的工作和生活带来很大不便，我们一定要尽力避免这种情况发生。误解常常是由于我们说话时不注意细节引起的，言者无心，听者有意，因此我们一定要注意细节，化解误会。

什么情况下会引起误解呢？

（1）言词不足

有的人在表达信息，或者说明某些事情时，常常在言词上有所缺失，结果弄得只有自己明白，别人一点也搞不清真相。这种人就是缺乏"让对方明白"的意识，以致容易招来对方的误解。

（2）过分小心

有的人不管什么事，都顾虑过多，从不发表意见。因此，个人的存在感相当薄弱，变成容易受人误会的对象。

这样的人总寄望对方不必听太多说明就能明白，缺乏积极表达自己意见的魄力。对于这种类型的人而言，含蓄并不是美德，这一点要深自反省。

（3）自以为是

另一种人是头脑聪明，任何事都能办得妥当，但是却经常自以为是，我行我素。即使着手一件新工作，也从不和别人照会一声，只管自作主张地干活。这么一来，即使自己把工作圆满完成，上级及周遭的人也不会表示欢迎。

（4）外观的印象不好

人对视觉上的感受印象最深刻。虽然大家都明白"不可以貌取人"，但是，实际上双眼所见的形象，往往成为评判一个人的标准，这个印象可能是造成误解的原因。如果让周遭的人有了不好的印象，且造成误解，若不早点解决，恐怕不好收拾。

（5）欠缺体贴

纵然只是一句玩笑话，但若造成对方的不快，恐怕也会导致意想不到的误解。甚至一句安慰、犒劳的话，如果没有用对方易于接受的方式表达，也可能造成误解。因此，在说话之前，一定要先考虑对方的状况以及接受的态度。

为了与人沟通时把话说得更加清楚明白，免遭误解，应该注意以下几点：

（1）不要随意省略主语

从现代语法看，在一些特殊的语境中，是可以省略主语的。但这必须是在交谈双方都明白的基础上，否则随意省略主语，容易造成误解。

一个星期天的上午，在一家商店，一个男青年正在急急忙忙挑帽子，售货员拿了一顶给他。他试了试说：

"大，大。"

售货员一连给他换了四、五种型号的帽子，他都嚷着：

"大，大。"

售货员仔细一看，生气了：

"分明是小，你为什么还说大？"

这青年结结巴巴地说：

"头，头，我说的是头大。"

售货员狠狠地瞪了他一眼，旁边的顾客"扑哧"一声笑了。造成这种狼狈结局的原因就是这位年轻人省略了他陈述的主语："头"。

（2）要注意同音词的使用

同音词就是语音相同而意义不同的词。在口语表达中脱离了字形，所以同音词用得不当，就很容易产生误解。如"期终考试"就容易误解为"期中考试"，所以在这时不如把"期终"改为"期末"，就不会造成误解。

（3）少用文言词和方言词

在与人交谈中，除非有特殊需要，一般不要用文言词。文言的过多使用，容易造成对方的误解，不利于感情的交流和思想的表达。有这样一个笑话：古时某地有一个秀才说话爱咬文嚼字，有一天晚上他和妻子已经睡下了，一伸手却不小心被蝎子蜇了一下，他忍着痛对妻子说："贤妻，速燃银烛，尔夫为毒虫所袭！"可是他的妻子没读过书，根本听不懂他在说什么，于是一动不动。这时秀才痛得实在受不了了，只好大喊："老婆子！快点灯，蝎子把我给蜇了！"

（4）说话时要注意适当的停顿

书面语借助标点把句子断开，以便使内容更加具体、准确。在口语中我们常常借助的是停顿，有效地运用停顿可以使你的话明白、动听，减少误解。有些人说起话来像开机关枪，特别是在激动的时候就不注意停顿了。而听者则由于跟不上他的速度，很容易发生误解。所以我们在与人交谈时，一定要注意语句的停顿，使人明白、轻松地听你谈话。

另外还要注意的一点是，如果对方因误解而指责你，你就不能一味忍气吞声，而是要为自己辩护。

有些人面临麻烦的事常用辩护来逃避责任，这就走到另一个极端了。这种推卸责任的辩护，偶一为之，无伤大雅，尚可原谅。倘一犯再犯，肯定会失去别人对你的信任。

辩解的困难点在于双方都意气用事，头脑失去了冷静。所以过于紧张和自责，反而会使场面更僵。因此遇到这类棘手的对立状态时，更应该积极辩明，明确责任。其要点大概有以下几点：

①把握时机

寻找一个恰当的机会进行辩解很重要。辩明应该越早越好。辩明越早，则越容易采取补救措施。否则，因为害怕对方责骂而迟迟不说明，越拖越误事，对方会更生气。

②自我反省的事项要越简单明了越好

不要悔恨不已，痛哭流涕，不成体统。越把自己说得无能，反而会增加对方对你的不满。还是适当点一下为好，但要点到本质上，说明自己对错误已经有了足够的认识。

③辩护时别忘了站在对方的立场上讲话

站在本身的立场上拼命替自己辩解，这样只能越辩越使对方生气。应该把眼光放高一点，站在对方的立场上来解释这件事，则容易被接受。

④辩解时需要注意

不管是何种情况，都不要加上"居然你这么说……"任何人都有保护自己的本能，做错事或和旁人意见相左时，便会积极地说明经过、背景、原因等。但在对方看来，这种人顽固不化，只是找理由为自己辩解罢了。

⑤道歉时需要注意

道歉时不要再加上"但是……"，千万不要说："虽然那样……但是……"这种道歉的话，让人听起来觉得你好像是在强词夺理，无理搅三分。道歉时，只要说："对不起！"不必再加上"但是……"。如果面对的是性格坦率的人，或许就可以化解彼此的距离。当然该说明的时候仍要有勇气据理力争，好让对方了解自己的立场。

与人沟通时，讲话一定要谨慎，细微之处也不能忽视，免得发生不必要的误解，甚至是摸不着头绪的纠纷。

第九章 上下相处：
别让细节毁了良好的互动

　　生活中，我们常见到一些上司指责下属，下属抱怨上司的情况发生，他们互无好感、互不谅解。而他们的关系之所以弄得这么糟，往往都是因为常发生小摩擦引起的。要知道上司是领导者，也是被辅助者；下属是被领导者，也是帮手高参，只有双方和谐相处，实现良好互动，才能把工作做好，彼此受益。因此我们一定要注意细节，别让小事影响了彼此的关系。

1. 守口如瓶维护领导形象

对一个领导者来说，领导形象是至关重要的，没有一个领导会原谅肆意破坏自己形象的下属。因此，千万不要把领导的秘事或对领导的意见当谈资，这些信口说来的"小事"会让你付出巨大代价。

领导的秘密要保守。

下级为上级保守秘密是职责、义务，是工作纪律、道德观念的要求，也是对上级忠诚的体现。

对于上级的秘密，不论是工作秘密还是个人秘密，应该知道的可以知道，不应该知道的，不要强求知道。下级要控制自己的知密欲，不要有意识地去探听，不要主动了解。有时还要主动回避。有些人以在领导身边工作知密多为荣耀，喜欢别人从自己嘴里探密，用以显示自己的身份。其实，这是一种非常浅薄和有害的做法。

生活中一些不明智的人会千方百计探听上级领导的隐私，以达到将来利用上级或要挟上级的目的，这是道德品质败坏的表现。这样居心叵测的人，一旦被发现，自然会被清除。任何一位领导都不喜欢可能给自己带来危害的下级。

作为下级，不要以谈论"秘闻"来炫耀；不要把了解上级隐私，并乱加猜测、肆意传播，作为自己"聪明"的表现；不要笃信"密不避亲"，以向亲朋好友吐露鲜为人知的"秘闻"为乐趣。

在这方面，"孔光不言省中树"的故事，可为我们提供借鉴。汉代孔光，官至仆射、尚书令，是皇帝的"秘书长"。他主管中枢部门十多年，严守法度，从不泄密。据《汉书》载：孔光"沐日归林，兄弟妻子燕语，终不及朝省政事。或问光：'温室省中树皆何木也?'光嘿不应，更答以他语，其不泄如是。"

如果在公司或企业工作，则更要对上级的秘密"秘而不宣"，因为一旦泄露秘密，不但会损害上级的形象，而且还会在不经意中泄露本部门的商业机密，使组织蒙受损失。更有甚者，上级领导一旦发现你的行为，轻者会对你心生厌恶，从此疏远、冷落你，重者则会"炒"你的"鱿鱼"，甚至会因你给公司带来的损失给你一定的经济处罚或让你承担一定的法律责任。

领导的闲话不乱传。

这是一个微不足道的话题，而又对维护领导者形象有着重要意义。

对于"闲话"，不可以轻视，但也不值得过于认真。"闲话"是一种背后舆论，它可以败事，也可以成事；可以帮人，也可以毁人。"闲话"是一种无聊，它具有刺激、猎奇的特点，与其较真，空空如也，什么结果也不会有，留下的只是个人的烦恼。所以说"人言可畏"。

面对"闲话"，下级应立足于维护上级的形象，听"闲话"而不传"闲话"，并以巧妙的方法加以利用。

下级在人际交往和与大家的接触中，常常涉及到一些上级领导的情况。不管自己与上级的关系如何，在上级手下是否得志，都不能内丑外扬，不要诉苦，流露对上级的不满。当然也不能对自己的上级进行溢美宣传，过分地炫耀自己和上级，这会使群众产生逆反心理，引起其他"闲话"的流行。同时，也会使人对自己产生浅薄、好吹捧、好巴结和不值得信赖的印象。正确做法是：第一，内丑不外扬。无论对上级有什么意见和看法，不在外边宣传，不对外人流露，可以在内部通过讨论、批评与自我批评或者协调的办法加以解决。对自己的上级进行诋毁，等于是在破坏自己的荣誉，是不明智的。第二，扬善不溢美。下级敬重自己的上级是应该的，但是不可过分吹捧，对上级的宣传要实事求是，一是一，二是二，不扩大，不修饰。宣传上级，不是把上级挂在嘴上，而是从需要出发，关键时刻用事实说话，说明问题，以正视听。

下级要善于听"闲话"。听"闲话"有很多好处：一是可以了解思想动向，知道人们在想什么，议论什么；二是可以了解大家对上级的真实看法，帮助上级验证自己；三是可以发现工作漏洞。

下级，尤其是上级身边的工作者，要学会听"闲话"，正面的、反面的、讽刺的、表扬的、明朗的、隐晦的都要听。

想要听到"闲话"，就要和群众打成一片。听的时候，要沉住气，不抬杠、不追问、不评论、不纠正、不解释，也不要随声附和。"闲话"的内容如果涉及到自己，千万不可暴跳如雷、沉不住气。如果涉及到自己的上级，不要辩解，不要否定，但也不要肯定。可以推说"不甚了解"，或者以微笑作答。

听来的"闲话"要过滤，闲话多数没有用处，听听而已，不必件件认真。对于一些与上级威望、与上级工作相关的问题，要去伪存真、由表及里地进行分析和加工，提炼出正面的、有积极作用的内容，作为工作信息或工作建议提供给上级。

这两条归结起来就是，对有损领导形象的话要守口如瓶。这虽是小事但却不可轻视，如果对此你没有足够认识，那么就很难真正搞好与领导的关系。

2. 把领导的"黑锅"变成人情

生活中，你可能会遇到这样的事：一件事明明是上司的错，但他却把责任推到你头上，让你背了"黑锅"。遇到这种情况时，你一定要谨慎处理，有时甚至可以把"黑锅"变成"人情"。

业务部的杜明在接到一家客户的生意电报之后，立即向经理做了汇报。可就在汇报的时候，经理正在与另一位客人说话，听了杜明的汇报后，他只是点点头，说了声："我知道了。"便继续与客人会谈。

两天以后，经理一个电话把杜明叫到了办公室，怒气冲冲地质问杜明为什么不把那家客户打来的生意电报告诉他，以至于耽误了一大笔生意。莫名其妙的杜明本想向经理申辩两句，表示自己已经向他做了及时的汇报，只是当时他在谈话给忘了。可经理连珠炮式的指责简直使她没有插话的机会。而且，站在一旁的经理办公室主任老赵也一个劲地向杜明使眼色，暗示她不要申辩。这更是弄得杜明糊涂不解。

经理发完火后，便立即叫杜明走了。一块儿出来的老赵告诉杜明，如果你当时与经理申辩，那你就大错特错了。听了老赵的话，杜明更是丈二和尚摸不着头脑，弄不清其中的奥秘。事情过了很久，杜明才逐渐明白了个中滋味。

原来，这位经理也知道杜明已经向他汇报过了，的确是他自己由于当时谈话过于兴奋而忘记了此事。但是，他可不能因此而在公司里丢脸，让别人知道他渎职，耽误了公司的生意，他必须找一个替罪羊，以此为自己开脱。所以，经理的发怒与其说是针对杜明，还不如说是给全公司听的。但是，如果杜明不明事理，反而据理力争，这样，不仅不会得到经理的承认，而且很可能因此而被解雇。

那么是不是在上司错怪了自己之后，都不要去申辩呢？切不可简单下这样的结论。如果我们仔细分析上述例子，便可发现，经理之所以如此责怪杜明，杜明之所以不能申辩，是因为事关经理自己本身。假如事情不是这样，那就另当别论了。这里，至少有以下几种情况：

首先，如果事情与经理本人的工作没有直接联系，而只是涉及到一般工作，特别是与自己的责任直接相联系的话，则可以大胆地进行申辩。

一，如果是一些十分重要的恶性事故，是某种造成较大的经济损失或政治影响的事故，则不管怎么样，都应该据理为自己申辩。这里，已经不存在情面和技巧的问题。如果你仍然为顾全上司的面子而把苦果往自己肚子里吞，其后果是不堪设想的。

二，在涉及到触犯法律的事情时，也应该毫不客气地、实事求是地进行有力的申辩。在这种情况下，如果你还要为上司或某人掩饰，则只能是害了自己。而且，在法律面前，谁也不可能保护你，也不要寄希望于那些虚假的承诺。

三，如果是某些人为了推卸责任而往你身上栽赃，或者是有人因对你有意见而故意向领导打小报告，陷害你，那么，你完全可以进行申辩，以有力的事实向上司证明你的能力和忠于职守，并揭露那些心术不正的人的种种诡计。否则，你只能吃哑巴亏。

现在我们假设你的上司确实是为了维护自己的利益而让你背了"黑锅"，那么你该怎么做呢？

当你发现自己替领导背了黑锅以后，最明智的举措就是不声张、不宣扬，采取无声地承受、静悄悄地处理的办法来解决问题。

原因很简单。声张会使你得不偿失，不但失去的得不到补偿，而且可能会把你得到的东西失去，甚至失去以后再得到的机会。

向外宣扬自己被领导利用了，这在某些时候不失为向领导施加压力的方式。但在大多数情况下只能是适得其反。因为这样做，其实是在败坏领导的名誉，而名誉又关系到领导的权威，因此这是最不能为领导所容忍的。他对你最可能的态度是怀恨在心和想办法予以惩罚，这样，不但你的所失无法得到补偿，而且，还会失去领导的信任，划入另类。从这个角度上说，这就是因小失大了。

你也不应奢望领导会屈从你的压力，除非是事关重大，他是不会向你公开的压力屈服的，因为这样正好给别人以口实。聪明的领导会私下安抚住你，然后再找机会把麻烦处理掉。这同样是对你的一个威胁。

而公开地叫嚷被领导利用了的人，也是不会得到别人的同情的，更可能的情况是，同事们会聚在一起，幸灾乐祸地引以为笑柄。如果说它确实产生了什么效果的话，那就是证明了你的愚蠢。别人会认为你是罪有应得，是过分贪婪、过分谄媚所得到的惩罚。这样，你不但不会得到同情，还会使自己暴露于种种猜测和非议之中。

况且，如果你真是一个无辜的受害者，大家都是有目共睹的，即使不去宣扬也会博得同情。除非你是想利用这种压力来向领导施加影响。

权衡利弊，你还是尽量使之秘密地解决为好。正如《政治厨房》一书中所指出的那样，政治的一个基本原则就是要学会保密。秘密地解决问题，可以避免使你露丑，也不会导致事态的恶化，更为重要的是，它为你灵活地运用各种技巧提供了很大的余地。从长远看，它也不会危及那些你本来可以得到的利益。

记住："沉默是金"。

当然决不声扬，并不是主张绝对地消极忍耐，逆来顺受，"哑巴吃黄连"。而是说不要扩大事态，恶化与领导的关系，危及你的其他利益，同时也是为了给解决问题创造一个适当的环境。

在现实生活中，领导利用下属背黑锅的事可以说是屡见不鲜。但一般而言，高明的领导是不会把事做绝，肆意地利用下属却不给予某种安抚。因为长期这样下去，就不会有人愿意再替领导效力了。从这个角度来看，向领导施以暗示是会起到一定效果的。

向领导施加压力，领导就不会以为你软弱可欺，变本加厉地利用你了，相反，每当他想从你那里获得点儿什么时，就一定要先考虑一下会让你得到点儿什么。这种交往模式的确立，无疑是有助于你维护自身的正当利益的，也有助于你的发展。

让领导觉得对你有所歉疚，会使你在上下级关系中赢得一定的主动权，也为通过妥协解决问题奠定了基础。对上级来说，为了得到更大的利益，他会感到有必要偿还债务；对下级来说，则等于发放出去了一笔贷款或做了一项投资，你会逐渐有所收获。

发现自己被领导利用了也不必太委屈，更不能恶言相向，而是应当积极明智地处理，既不使自己吃亏太多，又不损害与领导的关系。

3. 意见还要巧妙地提

作为一名下属，如果想成为领导的得力助手就要敢于提意见，对领导有所帮助。而意见的提法一定要巧妙，这样才能为领导接受，并且得到领导的信任和好感。如果不注意这个细节问题，你就会落得个"出力不讨好"的下场。

第一，公开场合提意见要慎之又慎。

中国人都好面子，上级领导也少有例外。在上级眼里，如果自己的下级在公共场合使自己下不来台，丢了面子，那么这个下属肯定是对自己抱有敌意或成见，甚至是有组织、有预谋地公开发难。无论你是喜欢他的人，或不喜欢他的人，在公开场合不给上级留面子的结果就是，上级要么给予以牙还牙的回击，通过行使权力来找回面子，要么就怀恨在心，留待秋后算账。

这种结果，自然是任何一个下级在提出批评和意见时所不愿看到的，也往往违背了他的初衷。因为，无论是上级，还是他本人，都生活在充满人情味儿、十分讲究人际和谐的同一个社会里。

上级十分注意自己在公开场合，尤其是在其他领导和众多下属在场时的形象，这不仅仅是因为有文化的潜移默化的作用，更在于上级从行使权力的角度出发，维护自己的权威的需要。这种需要会在大庭广众之下变得愈发强烈甚至是不可或缺的。

如果下级的意见使上级感到难堪，即使你是出于善意，即使你"对事不对人"，但其结果却必然是一样的：使上级的威信受到损害，自尊受到伤害。

权威受到挑战，行使权力的效能便会大打折扣，它影响着上级在今后的决策、执行、监督等各个方面的决定权和影响力。因为权力的效能是以服从为前提的，没有服从，权力就会空有其名。

因此，如果上级当众受到下级的伤害，丢了面子，即使当场不便发作，日后也会记恨在心，甚至伺机报复。因为如果不这样的话，可能还会有其他下级当庭责难，大出其丑。这就叫"杀一儆百"！

既然如此，下级在公共场合给领导提意见时，一定要注意给领导留面子。

留面子，首先表明你对领导是善意的，是出于对领导的关心和爱护，是为了帮助领导做好工作，这样，他才能够理智地分析你的看法。

留面子，还表明你尊重领导，你服从他的权威。你有意见并不意味着你在指责他，相反，你是在为工作着想。

留面子，其实就等于给自己留下余地，下级可利用这个余地同上级在私下里进行更为深入的交流和探讨。同时，这个余地还暗示上级，下级只是行使了一定的建议权，而上级仍留有最终的决定权。留有余地，会使下级能够做到进退自如，一旦所提意见并不恰当，还会有替自己找回面子的可能。

当然，主张在公开场合提意见要注意上级的面子，并不是鼓励下级"见风使舵"、做"老好人"，而是强调在提意见时要注意场合、分寸，要讲究方式、方法。

第二，反对意见要迂回地提。

如果你直来直去地提出反对意见，虽然你是一片好心，但上级却可能认为你是故意做对，给他找麻烦。

迂回地表达反对意见，可避免直接冲突，减少摩擦，使上级更愿意考虑你的观点，而不被情绪所左右。

我们每个人都有自己对某一问题的观点和看法，它是我们思考的结果。无论是谁，遭到别人直言不讳的反对，特别是当受到激烈言辞的迎头痛击时，都会产生敌意。下属的直言不讳，往往使上级觉得脸上无光，威风扫地，而领导的身份又决定了他非常需要这些东西。

过于直接的批评，会使上级自尊心受损。下级的反对性意见犹如兵临城下，直指上级的观点和方案，怎么会使他不感到难堪呢？特别是在众人面前，上级面对这种挑战，已是别无选择，逃无所逃，他只有痛击下级，把他打败，才能维护自己的尊严和权威，而其观点的正确与否，早就被抛到九霄云外了。

以间接的途径表达自己的反对意见更易为人接受，这是因为这种方法很容易使你摆脱其中的各种利害关系，淡化矛盾或转移焦点，从而减少上级的敌意。在心绪平静的情况下，理智占上风，上级自然会认真考虑你的意见，而不会不假思考，"一棍子打死"。

其实，通过迂回的办法表达自己的反对意见，力求使上级改变主张，是十分有效的方法。无须过多的言辞，无须撕破脸皮，更无须牺牲自己，就可以使上级接受你的意见。

第三，提意见要摆个低姿态。

下级提出建议，但能否让上级接受，不仅取决于建议内容本身的合理性，还取决于下级提意见的方式。

经验表明，以请教的方式提出建议更易为上级所接受。

请教，是一种低姿态，它的潜在含义是，尊重上级的权威，承认领导的优先地位。这就是说，下级在提出建议之前，已经仔细研究过上级的方案和计划，是以认真、公正的态度来对待上级的思想的。因而，下级的建议是在尊重上级自己的观点的基础上形成的，是对上级观点的有益补充。这种印象无疑会使上级感到安慰，从而减少或消除对下级进言的敌意。

　　每个人都有这样的体会：当上小学的弟弟妹妹充满敬仰地向你请教问题时，无论你多么忙，都会带有一丝骄傲地解答他们显得幼稚的问题，并从他们的目光中得到某种心理上的满足。如果我们静下心来分析一下就会发现，成就感是那样牢固地植根于我们的心灵深处。别人向我们求教，就表明我们在某一方面优于别人，我们受到了别人的尊敬和重视。在被别人请教时我们心中涌起的愉悦感和自豪感可能并不为我们清楚地意识到，但却实实在在地影响着我们的情感。每一个健康的、心智正常的人都渴望有这种情感体验，领导者也不例外。

　　请教的姿态，不仅仅是形式上的，更有内容上的意义。下级在请教上级时所听到的他在某一方面的见解，可能并未在公开场合说明过，而这一见解可能正是上级在考虑问题时所忽略了的重要方面。这样，在提出建议之前，先请教一下上级的看法，以使自己进退自如：一旦发现自己的想法欠妥或考虑不周，便可立即止口，回去将自己的建议完善一下；如果发现自己的建议毫无意义，那么你该庆幸没有将自己的见解说出去。

　　有经验的说服者，常常事先了解一些对方的情况，并善于利用这些情况。作为"立足点"，然后，在与对方的接触中，首先求同，随着共同的东西的增多，双方也就会越来越熟悉，越来越能感到心理上的亲近，从而消除疑虑和戒心，使对方更容易相信和接受你的观点和建议。

　　下级在提出建议之前，先请教一下自己的上级，就是要寻找谈话的共同点，建立彼此相容的心理基础。如果你提的是补充性建议，那就要首先从明确肯定上级的大框架开始，提出你的修正意见，做一些枝节性或局部性的改动和补充，以使上级的方案和观点更为完善，更有说服力，更能有效地执行。

如果你提出反对性意见，则一定要注意共同心理的培养，使对方愿意接受你。此时，虽然你可能不赞成上级的观点，但一定要表示尊重，表明你对领导观点的理性思考。只要你设身处地地从上级的立场出发考虑问题，并以充分的事实材料和精当的理论分析作依据，上级一定会心悦诚服地放弃自己的立场，仔细倾听你的建议和看法。在这种情况下，上级是乐意采纳你的意见和建议的。

请教会增强上级对下属的信任感。当你用诚恳的态度来进行彼此的沟通时，上级会逐渐排除你在有意挑"刺儿"的想法，并逐渐了解你的动机，开始恢复对你的信任。

生活中那些因提意见而得罪领导的人，大都是因为胡乱开口引起的，因此我们要更注重细节，讲究方式、方法，巧妙地提出自己的意见。

4. 得人心者得天下

当领导得人缘好，与下属关系密切，这样才能有号召力，才能调动下属的积极性。而为了做到这一点，你就应该走下层路线，小处多施恩惠，收拢人心。

据有关传记的记述，在整个"二战"期间，马歇尔都在无微不至地关怀着高级军官和他们的家属，同时，"对所有在他手下服役的人都有种天生的人情味，不论他们职位多低，他总是不厌其烦地随时去向他们表示他的真诚、尊敬、体贴、关心和友爱。"在马歇尔还是个下级军官时，他就有这种与下级融洽相处的本事。他能记住手下每个士兵的名字。经常与他们亲切交谈，了解他们的问题并随时给予帮助，对其错误还会提出诚恳的批评。这一特点在他身为陆军参谋长和五星上将时还一直保持着，被许多人尊称为"普通士兵的卫道士"。

马歇尔的成功不仅在于他横溢的才华，还在于他善于笼络人心的高超本领。正是靠着下属对他的敬仰与钦佩，他每到一处都能把工作干得有声有色，获得正职的褒奖和信任。

现代领导学认为，领导光有权力是不够的，领导还应有威望，这种威望也来自"得民心"。由于下属并不是机械地服从，还包含着对上级的情感，这样就更能上下一心。如果领导不在平时注意多施恩惠、收拢人心，那么肯定不会在工作中干出什么突出的业绩来。

在你上面可能还有更大的领导，那么得人心还会使你提高自己在上司心中的地位。因为你与员工关系好，那么你的建议就很可能代表着许多员工的意见，这样无形中会引起上司的重视。这样干起工作来阻力小支持多，上司也愿意将更多的工作交给你去办，无形中便会增强你在公司中的重要性，甚至还会帮助你进一步升迁。

那么，作为上级领导怎样做才能得人心呢？施恩布惠可谓是最简单、最直接也最有效用的手段了。空口许诺再大再多，也不如用实际行动真正地关心下属，让下属看得见摸得着，从中得到真实的好处。下面这些做法历来为得人心者所惯用，你不妨引为参考。

第一，给以实惠。给以物质的需求可谓是人类的第一需求，它其实是人们生存的基本保障。虽然这种方法比较功利，但它确实能给下属带来实际的好处，在从事实际工作中，如果能把这一原则贯穿其中，是一定会得到下属的拥戴的。

第二，解决问题。领导欲取得人心，必须从小事做起，关心下属的冷热饥寒，为其解决实际问题。每个下属都有着自己在家庭、工作中的实际困难，如果长期得不到解决，很可能影响工作。所以领导应主动关心下属的各种困难，想办法为其解决难题。有时，也许只是一件小事就会赢得对方的好感和感激。

第三，经常走动。平易近人的领导是最受群众欢迎的。你应当注意经常与下属保持联系，通过聊天、走访、游戏等方式了解下情，反映下属的心声。由于能够与下属保持经常性的沟通与交流，所以使你能更多地知道下属的想法和愿望，也利于消除误会，减少隔膜。

第四，宽以待人。人皆有错，贵在能改。如果下属犯了某些错误，领导应该给予其改错的机会。如果能够本着关心和爱护下属的宗旨，对犯错下属不一味苛求，相反，帮助他改正错误，你就一定会得到下属的衷心感激和爱戴，得到他们的支持。

据史载，秦穆公就很注意施恩布惠，收买民心。一次，他的一匹千里良驹跑掉了，结果被不知情的穷百姓逮住后美餐了一顿。官吏得知后，大惊失色，把吃了马肉的三百人都抓起来，准备处以极刑。秦穆公听到禀报后却说："君子不能为了牲畜而害人。算了，不要惩罚他们了，放他们走吧。而且，我听说过这么回事，吃过好马的肉却不喝点酒，是暴殄天物而不加补偿，对身体大有坏处。这样吧，再赐他们些酒，让他们走。"过了些年，晋国大举入侵，秦穆公率军抵抗，这时有三百勇士主动请缨，原来正是那群被秦穆公放掉的百姓。这三百人为了报恩，奋勇杀敌，不但救了秦穆公，而且还帮助秦穆公捉住了晋惠公，大获全胜而归。

如果你并非最高领导，只是一名主管或部门经理，那么在广施恩惠，网络人心的同时还应注意影响，以免引起顶头上司的猜忌与误会。在这方面做得过火，就会引起顶头上司的警惕，认为你有野心、搞台下活动，拉小帮派小集团。如果真的出现这种效果，广施恩惠就不但难以成为你事业成功的砝码，反而会给你招来祸端。因此，在加强同群众的关系，获取人心时，一定要注意以下几点：

第一，施惠下属要做的自然。应当把对下属的关怀贯穿于工作中，体现于小事中，不能给人以虚假、做作之感。如果你平时不注意下属的困难，突然间去问寒问暖，势必让人觉得别有用心、虚情假意。这样，效果就会适得其反，不但难得人心，反而招致厌恶。

第二，施惠下属要做的公开。公开表明你心无杂念，不怕别人看到，而秘密往往会给人以搞阴谋之感。所以，对下属施以恩惠一定要光明正大地进行，要使上司感到放心。

第三，施惠下属要做的公正。据公平理论研究表明，人们的不满情绪是在与他人做比较后认为不公平而产生的。在施惠下属时，一定要做到无论亲疏，一视同仁，这才能广泛地获得支持。如果有人感到自己的所得要少于其他人的所得，那么他不但不会感激你，还会怨恨你。这正是中国人"不患寡而患不均"的普遍心理。当然，你还是可以通过适当的有差别的施惠来激励下属的。这两者结合的艺术，正如兵书所言："运用之妙，存乎一心。"

"得人心者得天下"，对一名领导者来说，搞好与下属的关系是十分重要的，平时在小事上多施恩惠，下属回报给你的将是在大事上的鼎力相助。

5. 领导面前要少说多做

一名下属如果想与领导搞好关系，获得领导的青睐，切忌在领导面前夸夸其谈，说东道西。忽视了这个问题你就无法与领导和谐相处，甚至有可能会断送你的前途。

有许多下级踌躇满志，欲干一番大事业，却因为不注意谨言慎行，结果产生了诸多的麻烦，弄得心情不舒畅，工作起来也失去了兴致。

小何是一位很有才干的人，任职于一家知名度较高的合资企业，并且刚当上了部门副经理。他的顶头上司老唐对他始终不冷不热。当他谦恭地向上司请教业务上的事情时，老唐常常装聋作哑，除了"是"或"不是"，绝不多说半个字。

一天，当他们在一起商讨业务时，小何大胆地说出了自己的不同意见。没料到他下午就被老板召去，老板说："我本人非常尊重像你这样有才华的人，不过，目空一切、自以为是未必能干出什么成绩来！"

听着老板的训斥，小何心里很不是滋味，他弄不明白自己何时表现出自以为是了，要是与上司意见不符就是自以为是，那么，明知不对也要随声附和才算配合得好吗？最使他气恼的是，老唐像什么事都没有发生一样，仍然是那样不冷不热。小何最终辞去了工作，再去寻找应该属于自己的梦。

其实，这位小何与他的直接领导老唐相处的失败，多少与他的心高气傲有关。而最根本的原因则是对上级的心理状态没有充分理解和把握，因而未能灵活地把握自己的应变策略，没有经受住上级的考验，最终没有为其接纳。在没有充分理解上级对他冷漠相待的原因时，小何就敢在商讨业务时大胆提出反对意见，怎能不吃苦头呢？

一个人与上级共事，并不意味着他已被上级接纳。他还必须面对上级的种种考查。只有在心理上被接受了，下级才能得到上级的热情帮助和照顾，才能顺利地开展工作。而要得到这种心理上的认同，下级就必须谦虚谨慎，少说为佳。

之所以要谦虚谨慎，是因为在上级还没有将你引为他的"心腹"时，如果你轻易地发表与众不同的意见，即使见解是绝顶的高明，也会招致上级的反感和排斥。

之所以要谦虚谨慎，是因为这是对上级的一种尊重。你只有先尊重上级，上级才有可能尊重你、欣赏你。过多地表明自己的观点，处处发言，往往会被认为是"目无领导"、"张狂"的表现。而上级最忌讳的就是下级对自己权威的不尊重、不服从。

老子在《道德经》中说："大直若屈，大巧若拙，大辩若讷，静胜躁，寒胜热。清静为天下正。"他还有句名言，叫做："天下莫柔弱于水，而攻坚强者莫之能胜，以其无以易之。"这至理名言应当为每一位下级所记取。

之所以要谦虚谨慎，谨言慎行，也是因为言多必失。单位里的各派势力都在盯着你看，看你倒向哪一方，看你爱与谁交往，看你说话是站在哪一面的立场上。因此，稍有不慎，就可能会得罪某些人，而你却不知道，稀里糊涂地便卷入复杂的人际关系的纷争漩涡中去了。

那么保持谦虚，不卖弄自己，就无法在上级面前展现才华了吗？不，恰恰相反。如果你能把夸夸其谈的精力拿去认真工作，你一定会因此获得上级的认可。

一件事情八字尚未完成一撇，就在上级面前大谈宏伟构想，尽展胸中经纬，这很容易让上级想到纸上谈兵的赵括。因为有经验的领导，对于事情成功之前可能会遇到的阻力，分析得会比下级更清楚。

因此，只有干出一些眉目，才有说话的资本。对事情分析得清楚透彻，知其然而后知其所以然，言必中的，然后埋头做事的下级，才是领导所欣赏的。

说具体点，敏于事就是要善于领会上级的意图。如果你对工作所定的目标，优先的次序与上级所设想的不一样，或是你以为事情再清楚不过，领导却无法明白，怎么办？

慎于言而敏于行。

别忙于说出你们之间的分歧，先坐下来想一想，你和他之间的看法有什么不同？他认为你在做什么？他的看法到底是什么？弄清了这些，你就不会被他的决定搞得迷迷糊糊了。然后就是要做好你分内的事。

工作做好了，一些人便有了邀功请赏的念头，但言语争功要谨慎。因为如果下级喋喋不休地向上级提出利益要求，超出了领导的心理承受能力，他会感到压抑、烦躁或觉得失望。况且，所得的利益如果是靠嘴皮子争来的，上级即使满足了你的愿望也不会愉快，心理上会认为你是个格调较低的人。

最好的办法是让上级主动给你，这可要靠你敏于行事了。

把工作干得漂亮些，尽最大努力满足领导的要求，并且要有些特色，有创造性。这样，明白的领导自会奖赏你。

别说是有了功劳讨赏时说话要谨慎，就是说上级的好话都得小心。在上级面前，即使好话连篇，也难免一语不慎，祸从口出，切莫以为每句好话上级都要听。说好话，也要慎于言。

总之，少说多做就是赢得上级信赖的最佳方法，与其纸上谈兵，还不如把工作做得漂亮些，用成绩来证明你的实力。

第十章 朋友相交：
别让细节毁了朋友的情谊

　　人生在世，光靠自己的力量单打独斗，做任何事都难以成功，一定要广泛交友，拥有好人缘才行。而结交朋友也绝非是一件简单的事，在与朋友交往时方方面面的事都要注意到，因为朋友越亲密就越容易因为小事闹矛盾。所以为了维护朋友情谊，越是细微之处就越要留神。

1. 把友情和金钱分开

生活中，很多人一不留神就把金钱渗透进了朋友交往中，有人甚至认为朋友就应该在金钱上互通有无，否则就算不上真正的朋友。这种想法其实是很危险的，友情一牵涉上金钱也就多了很多变数。

友情很伟大，友情又很脆弱，在经济生活中我们绝对不能滥用友情。正因如此，许多成功的商人都抱定了一个宗旨，不和朋友做生意，因为友情不容投资，和陌生人做生意能交上朋友，和朋友做生意会失去友情。

可是，事实上，我们都生活在发达的商品经济社会里，包括一般人际交往在内的任何类型的社会关系都不能脱离商品经济关系而存在，友情自然也不例外，它正受着现代经济关系的挑战。

我们如何应对这种挑战呢？也就是说，在日益复杂的经济交往和人际关系中，如何捍卫我们的友情呢？

（1）朋友之间尽量避免借贷

朋友之间开口借钱是最平常的事，因为是朋友，谁都有向朋友开口的事，朋友就是要相互帮助。当然，许多人都能做到好借好还，但也因各种原因，总有人不按时归还，或根本就不能归还。有的人甚至在借出之前就知道，这钱已丢在水里了。但不借吧，又碍于情面和友情，觉得对不住朋友，真是左右为难。

这个时候得问清楚，朋友用钱做什么，如果是生活所必需，用于衣食住行，那义不容辞，当然借，没偿还能力也必须借。反之则不然，因为他已经失去了最起码的信用，如果再去冒险做生意之类的事情，就必须拒绝。

再一点你可以给予一定数额的馈赠。如有人向你借 6000 元钱时，而他没有多少偿还能力或信誉不佳时，你可以主动资助他 300 元或 500 元，并言明，他可以不用还了。这样看来你吃亏了，但实际上你失去的并不多。

首先，由于你的无偿资助保护了你的友情，可能还加深了这种友情。其次，你也能避免更大的损失。因为有些借款是要冒大风险的。有一个人，他这样借钱。当朋友介绍他结交另一个朋友，他主动打电话交谈，这自然加深了友情。一天，他突然找到新结交的朋友，很随意地提出借钱，朋友也很自然地答应借了他 1000 元。他说一周后一定还，果然如期偿还。他的信誉就得到了保证。过了没有多久，他突然找到那位新朋友，一副十万火急的样子，开口就要借 5000 元，并说一周准还，有他前一次的信用在先，朋友当然帮忙，其结果，人去钱空。这便是一种诈骗，利用友情的诈骗。

所以有人这样说，借钱给你的朋友，就意味着可能失去一个朋友。

（2）金钱上不要不分你我

一些朋友情到深处干脆金钱上不分你我了，哥们儿嘛，你的就是我的，我的就是你的，在金钱上互相计较岂不太伤感情吗?! 然而我们说再好的朋友也要保持距离，亲兄弟还要明算账呢，何况朋友！

小雷与小刚是同一宿舍的好友，他们是因为住在一起才成为朋友的，他们戏称宿舍是他们的家庭，所有的东西都没有"标签"，甚至工资也混同一处，两人为这种关系而骄傲，别人的眼里流露的也是羡慕的目光。

不久，小刚有了女友，经常出去逛逛商场，吃顿饭，于是两人的合作经济出现了危机。

事有碰巧，一天小雷的母亲病了，当小雷回宿舍取钱时，面对的却是空空的抽屉，小雷不由得问小刚，"钱哪儿去了，刚发工资三天。"

小刚说："为女友买了条项链。"小雷无言地离开了。他在别人那里借了钱为母亲看了病。两人的友谊出现了裂痕。有一天，两人提及此事，大吵了一架，不得已分手了。

交友应该重在交心，来往有节，在金钱上不分你我就会给友情留下隐患，生活中好朋友为了金钱而翻脸的事并不少见。

那么，如果朋友之间真的需要金钱来往怎么办？答案就是立契约，先小人后君子，免得为金钱发生冲突。

做生意的朋友都有过同朋友合伙的体验，生意好做，伙计难处，民间早已有了定论。一般人都有这样的经历，在经济交往中，如果与一般的人有什么金钱交往，往往都会想到立个字据，而和朋友的交往，谁也不愿提及或根本就想不到字据这个说法。

现代社会是个法制社会，朋友间的任何交往也要接受法律的制约，我们的友情也要适应这个法制的社会。作为朋友，作为友情的载体，我们必须转换心态，不要让友情为我们承担太多的负担。

如果你真的珍视友情，就要注意不要把友情和金钱混为一谈，忽视了这个小问题，你就无法处理好朋友关系。

2. "长聚首"不如"常聚首"

在交友时，人们最容易忽略的一个细节就是与朋友保持一定距离，要"常"聚首，不能"长"聚首，"距离产生美"的原则在朋友交往中同样适用。

交往过密不留距离，就会占用朋友的时间过长，把朋友捆得紧紧的，使朋友心里不能轻松、愉快。

田雪把赵倩看成比一日三餐还重要的朋友，两人同在一个合资公司做公关小姐，公司的工作纪律非常严格，交谈机会很少，但她们总能找到空闲时间聊上几句。

下班回到家，田雪的第一个任务就是给赵倩打电话，一聊起来能达到饭不吃、觉不睡的地步，两家的父母都表示反对。

星期天，田雪总有理由把赵倩叫出来，陪她去买菜、购物、逛公园。赵倩每次也能勉强同意。田雪每次都兴高采烈，不玩一整天是不回家的。

赵倩是个有心计的姑娘，她想在事业上有所发展，就偷偷地利用业余时间学习电脑。星期天，赵倩背起书包刚要出门，田雪打来电话要她陪自己去裁缝那里做衣服，赵倩解释了大半天，田雪才同意赵倩去上电脑班。可是赵倩赶到培训班，已迟到了20分钟，心里好大的不痛快。

第二个星期天，田雪说有人给她介绍了男朋友，要赵倩一起去相看，赵倩说："不行，我得去学习。"田雪怕赵倩偷偷溜走，一大早就赶到赵倩家死缠活磨，赵倩因此没有上成电脑班。

田雪一如既往，满不在乎，她认为好朋友就应该天天在一起。有时星期天照样来找赵倩，赵倩为此躲到亲戚家去住。这下田雪可不高兴了，她认为赵倩是有意疏远她。田雪说："我很伤心，她是我生活中最重要的人，可她一点也觉察不到。"

田雪的错误在于，首先是她没有觉察到朋友的感觉和想法，过密而没有距离的交往几乎剥夺了赵倩的自由，使赵倩的心情烦躁，不能合理地安排自己的生活。

之后，田雪开始与赵倩聚会少了，可是她惊奇地发现，她们的友谊反而更加深厚了。

看来好朋友不一定要长相守，适当保持点距离对友谊更有益处。

人之所以会有"一见如故"、"相见恨晚"的感觉，之所以会有"死党"的产生，是因为彼此的气质互相吸引，一下子就越过鸿沟成为好朋友，这个现象无论是异性或同性都一样。但再怎么相互吸引，双方还是会有些差异的，因为彼此来自不同的环境，受不同的教育，人生观、价值观不可能完全相同。当二人的"蜜月期"一过，便不可避免地要产生摩擦，于是从尊重对方，开始变成容忍对方，到最后成为要求对方！当要求不能如愿，便开始背后挑剔、批评，然后结束友谊。

很奇怪的是，好朋友的感情和夫妻的感情很类似，一件小事也有可能造成感情的破裂。有一位朋友，他和租同一栋房子的房客成为朋友，后来因为对方一直不肯倒垃圾，他认为受到不公平的对待，愤而搬了出去，二人至今未曾往来。

所以，如果有了"好朋友"，与其太接近而彼此伤害，不如"保持距离"，以免碰撞！

人说夫妻要"相敬如宾"，才可以琴瑟和谐，但因为夫妻太接近，要彼此相敬如宾实在很不容易。其实朋友之间也要"相敬如宾"。要"相敬如宾"，"保持距离"便是最好的方法。

何谓"保持距离"？简单地说，就是不要太亲密，一天到晚在一起。也就是说，心灵是贴近的，但肉体是保持距离的。

能"保持距离"就会产生"礼"，尊重对方，这礼便是防止双方碰撞的"海绵"。

有时过于保持距离也会使双方关系疏远，尤其是现代社会，大家都忙，很容易就忘了对方。因此，对好朋友也要打打电话，了解对方的近况，偶尔碰面吃个饭，聊一聊，否则就会从"好朋友"变成"朋友"，最后变成"只是认识"了！

也许你会说，"好朋友"就应该同穿一条裤子，彼此无私呀！

你能这样想很好，表示你是个可以肝胆相照的朋友，但问题是，人的心是很复杂的，你能这么想，你的"好朋友"可不一定这么想。到最后，不是你不要你的朋友，而是你的朋友不要你！更何况，你也不一定真的了解你自己，你心理、情绪上的变化，有时你也不能掌握！

生活中有很多"死党"、"铁哥们儿"就因为从早到晚聚在一起，最后出现矛盾不欢而散。虽然有很多机会可以结交新朋友，但失去老朋友还是人生的一种损失。所以朋友之间还是保持一点距离的好。

3. 交友不要犯的七个小错误

在与朋友交往时，我们往往会不自觉地犯下一些小错误，这些小错误既伤人又害己，如果不及早纠正，就会妨碍你与朋友之间的交往。

（1）指责朋友不要太严苛

在与朋友的交往过程中，你总会发现朋友偶尔犯下这样或那样的错误，那么此时你应当怎样让朋友接受你的意见而不至于把关系闹僵呢？这正是你一展你的社交才能的时刻，也是对你自身素质的一种考验。

明代洪应明说过："攻人之恶，毋太严，要思其堪受；教人以善，毋过高，当使其可以。"意思是说，对待他人的错误，不应当以攻讦为能事，方法更不能粗暴，不能刺伤朋友的自尊心。如果自尊心受到伤害，即使你说的和做的千真万确，别人也不能心甘情愿地接受，又怎么能达到改过的目的呢？此时展现你的论辩才能就非常重要了。

指责他人之过，需要稍做保留，不要直接地攻讦，最好采用委婉暗示的语言，使对方自然地领悟，过激的言辞很可能会断送友谊。因此，责人过严的话最好不要说，要说的话，也必须改变语气。总而言之，这其中技巧运用的如何，也正是你社交能力与自身素质高低的一种体现。

孔子亦云："忠告而善道之，不可则止。"这是交友的学问。意思是朋友犯了错误，以诚意提供忠告，如果对方不听，就要中止劝告而暂时观察情况。如果过于唠叨，只会惹得对方厌烦，毫无效果。要不要接受你的忠告，终究要看对方，过于勉强只会损害友情。这也对我们自身的素质提出了更为严格的要求。

交往中发生分歧，双方往往都认为自己的意见、想法和做法是正确的，从而发生争辩。将对方驳倒固然令人高兴，但未必需要把对方说得一无是处。因为这样不但对自己毫无好处，甚至有时会适得其反，得不到对方的认可，而且终有一天会自食恶果，受到对方的攻击。

（2）说话不可无信用

为人处世，信用两字是很要紧的。古代君子强调"一言既出，驷马难追"，"一诺千金，一言百系"，便都是讲的一个"信"字。我们现在讲恪守信用，"言必信，行必果"，这既是对别人负责，对事业负责，也是自己在社交中必须树立的一个形象。

古人还说："人无信，不可交。"指出不讲信用的人，不值得信任，甚至不值得与之交往。在当前的现实生活中，也常见有这种不守信用的人，他今天答应给你买火车票，结果到时连他的影子都找不到；他明天又邀请大家聚餐，而到时赴宴的全来了，惟独他本人不到场。试问：像这样的人与之交往，除了叫人上当受骗之外，还能有什么结果？

人与人之间的社会交往，是以相互信任为基础的。物以类聚，人以群分。言而无信的人，在社交场里最终都是肯定找不到他们自己的位置的。

（3）不要飞短流长

人际交往，贵在一个"诚"字。正如一句外国谚语所说："只要都掏出心来，便能心心相印。"那种在背后叽叽喳喳、飞短流长的做法，是一种旧时代小市民的低级趣味。它不但会破坏彼此之间的团结，伤害朋友之间的情谊，甚至还会酿成社会的不安定因素。同时，它也说明了一个人品格的低下。因此，在社交生活中，我们一定要注意以下几点：

①不要传播不负责任的小道消息。

②不要主观臆断，妄加猜测。

③对朋友的过失不能幸灾乐祸。

④不要干涉别人的隐私。

（4）不要随便发怒

喜怒哀乐，本是人之常情。心理学研究指出，随便发怒，就人与人之间的相互关系来说，会伤了和气和感情，会失去熟人之间的信任和亲近。制怒，则是一个人的理智战胜感情冲动的过程。而理智，恰好是一个彬彬有礼的人一种特有的标志。随便发怒，有人认为这是一个人的脾气，"江山易改，秉性难移"，似乎发怒是人的一种本性，其实这是误解。我们知道，多数人都有为自己的行为、信念和感情辩解的动机，因此，不知不觉中他就把自己和别人分别对待了，强求别人来适应自己，而把自己的意志强加于别人。这种不能以平等对待自己和别人的心理，还表现在不能平等地对待各种不同的人身上。例如：他对同事和下级，比对上级更容易发怒；他对妻子和儿女，比对父辈更容易发怒。因为他在强求别人来适应自己时，以为他的同事、下级、同辈或小辈都是应该服从他的旨意的。可见，随便向人发怒，是一种不尊重别人和不讲文明礼貌的行为。

（5）不要给朋友乱起绰号

绰号就是外号。它是依据每个人的特点而人为产生的。有些绰号，例如称中国女排名将郎平为"铁榔头"，称英国前首相撒切尔夫人为"铁女人"等，可以说是带有褒义的一种美称，这是包括本人在内都乐于接受的。但是，如果是另一种带有侮辱性的绰号，那就是另一回事了，决不能给人乱起，因为它是不文明和不礼貌的行为。

有的绰号，是根据人的生理缺陷而拟就的，例如什么"瘪嘴"、"瞎子"等等。这无异于揭别人的短处，这种绰号一旦流传，往往会给当事人增加精神上的负担，影响其自尊心，甚至是对其人格的侮辱。

若有人给你起绰号，你要灵活对待和处理。如果只是偶尔开句玩笑，大可不予理睬，一笑了之，予以淡化。

（6）不要恶语伤人

恶语是指那些肮脏污秽、奚落挖苦、尖刻侮辱一类的语言。很显然，这是一种与文明礼貌相悖的粗俗的东西，与社会主义的人与人之间平等友好的关系无疑是格格不入的。俗语说："良言一句三冬暖，恶语伤人六月寒。"恶言中伤，是最不道德的行为，不但我们自己不该说，听到这一类的话也不要随意乱传。说话要注意言辞口气，避免粗野和污秽。轻蔑粗鲁的语言使人感到受侮辱，骄横高傲的语言使人与你疏远，愤怒粗暴的语言有可能将事情导向不良后果。本来，语言是人们交流思想、信息和情感的工具，但恶语却是损害别人尊严、刺痛别人神经和破坏相互关系的祸根。

（7）不要嘲笑朋友的生理缺陷

生理上存在缺陷的人，一般都较为内向，内心会充满苦恼与忧伤，并由此常常感到自卑和失望。他们中，有些人因为行动不便，交际范围狭小，在集体场合或不熟悉的人面前显得腼腆拘谨，更不敢主动与正常人交往，有一种隔阂感。这些精神上的沉重负担，会使他们对精神需要看得比物质需要更重，特别渴望真诚的友谊、尊重、信任和感情，当受到别人的嘲笑、冷遇或不信任、不公平的对待时，也容易引起委屈、哀怨或其他情绪。作为朋友，你一定要注意保护他们的自尊心，多鼓励多帮助而不是嘲笑他们。

要想与朋友维持良好关系，你就一定要注意改正待人的一些小错误，这样才能与朋友融洽相处，获得友情。

4. 对朋友也要有礼

朋友关系亲密时就容易不拘小节，不拘小节就容易闹矛盾，甚至危及彼此的交情。因此我们要注意，对好朋友也要讲礼仪，只有尊重朋友，才能让友谊长久。

阿拉伯人有句谚语说："脚步踩滑总比说溜了嘴来得安全。"不论多亲密的朋友，还是必须有所节制，才不致坏了交情。

人是感情的动物，每天的心理状况都不会相同。不但如此，每天受到天气、季节变化的影响所产生的情绪也各不相同，甚至早上起床时的情绪也会影响到整天的心情。所以一个人的精神状态是随时在变化的。

简单地说，一个人的反应会因为纷扰的心情而有所不同。如果你以为对方和自己的关系非比寻常，不会和自己计较，或是以为对方能够了解自己的心意而未加注意，反而很可能在不经意的情况之下受到伤害。

与人诚心交往是很重要的一件事，但却不是把心中所有的事都和盘托出，而是要一步一步慢慢地进入状况。

不论是多么亲密的朋友，交谈的措辞都不可疏忽，因为谨慎言辞就是一种礼仪的表现方式。

现今还遵守着传统礼仪的人，的确是愈来愈少了，但这里所指的礼仪概念却不是指那些繁文缛节的形式，而是你是否真正地了解到了礼仪的本质。

礼仪并没有特定的界限，但在和朋友长期交往之中，随时注意恪守礼仪与自我节制却是很重要的。一旦逾越了礼仪或失去节制，你也就失去了朋友。

我们说好朋友之间讲究礼仪，并不是说在一切情况下都要僵守不必要的繁琐的客套和热情，而是强调好友之间相互尊重，不能跨越对方的禁区。

社会上几乎人人都知道朋友的重要，都珍惜朋友之间的感情，但凡是人们珍惜的，也一定是稀少的，因而自古以来人们便慨叹"人生得一知己足矣"。其实，我们置身社会中，未必把每一个朋友都交到"知己"的程度。朋友可分为不同层次，有的是于事业有益的，有的是于生活有益的，有的是于感情有益的，也有的是于娱乐有益的。每一种朋友应该交到何种程度才恰到好处，才于人生有益，并没有一把尺子能量得出来。不论深交也罢，浅交也罢，朋友之谊人人皆知，但这"谊"并非信手拈来，重要的是方法，是怎样交友，怎样获得朋友之谊。

许多青年人交友处世常常涉入这样一个误区：好朋友之间无须讲究礼仪。他们认为，好朋友彼此熟悉了解，亲密信赖，如兄如弟，财物不分，有福共享，讲究礼仪太拘束也太外道了。其实，他们没有意识到，朋友关系的存续是以相互尊重为前提的，容不得半点强求、干涉和控制。彼此之间，情趣相投、脾气对味则合、则交，反之，则离、则绝。朋友之间再熟悉，再亲密，也不能随便过头，不讲礼仪，这样，默契和平衡将被打破，友好关系将不复存在。

和谐深沉的交往，需要充沛的感情为纽带，这种感情不是矫揉造作的，而是真诚的自然流露。中国素称礼仪之邦，用礼仪来维护和表达感情是人之常情。

而为了做到这一点，以下几种错误就是你要尽量避免的：

（1）傲慢跋扈、言谈不慎

相貌、才识、家庭、职务的优势都能促进别人与你的接近，大家和你在一起就好像也具有你的这些优势。这可能使你在朋友圈里有一种淡淡的优越感。但当心，这种优越感一旦失控就可能无意之中在朋友面前摆出一副傲然的态度，处处炫耀自己，看不起别人，从而失去友谊的平等互惠性，因为任何人都不愿出卖自尊心去换取友谊。

150

（2）彼此不分，不拘小节

有的人自认为大度豁达，对朋友借给的东西从不爱惜，甚至久借不还，随便乱翻乱用朋友的东西也从不事先打个招呼。长此以往，就会使朋友觉得你行为太粗糙，甚至认为你贪婪。青年人常把彼此不分当成友谊深厚的表现，但友谊的维持和发展，仍然需要珍惜、保护、遵守信用。朋友馈赠你东西，是情感物化的表现，但平日里，对借的东西总还得爱惜，否则会使人觉得你不可靠。

（3）不识时务、一意孤行

不管朋友工作是忙是闲，心情是好是坏，也不管什么场合，只顾自己夸夸其谈，人家急事在身也缠着不放。这样做就会被人觉得浅薄、没有教养。也有的人遇事固执己见，硬要别人屈从就范。这两种态度都反映了认识上的不成熟，不会体谅、理解人，也不能随情景的变化而调节自己的行为，这当然得不到朋友的好感。

（4）出尔反尔、不讲信用

这种人表面上很慷慨，答应别人的请求也不算不爽快，但答应之后即丢在脑后，忘得干干净净。当下次朋友催问的时候，只是用三两句话搪塞一番。也许你认为这是生活小事，但对别人来说，失信、毁约，意味着破坏了他人的工作安排，并且使别人的感情受到戏弄。这样的人是逢场作戏，敷衍应付，不能作为彼此信赖的好友。

除此之外，还有一种情况就是，忘记了"人亲财不亲"的古训，忽视朋友是感情一体而不是经济一体的事实，花钱不计你我，用物不分彼此。凡此等等，都是不尊重朋友，侵犯、干涉他人的表现。偶然疏忽，可以理解，可以宽容，可以忍受。长此以往，必生间隙，导致朋友的疏远或厌恶，友谊的淡化和恶化。因此，好朋友之间也应讲究礼仪，恪守交友之道。

当孩子学会有礼貌地对待客人，当孩子学会友好地对待小伙伴时……孩子总会得到父母和他人的奖赏；当孩子做了一件坏事，则毫无疑问会受到责罚。久而久之，一个社会的自我出现了。

自我的社会化，自我被社会同化为其中一名合格的成员，按照社会上一般的伦理规范和生活原则来实现自己的价值，这是受到社会一般原则赞许的。但是，我们要考虑的是，生活在一个集体和社会中，并不意味着你和他人仅仅是相安无事或者友好终生地生活着，并不意味着所有团体成员都能按照团体规范来规范行为。难以避免的利害冲突和其他原因影响着相互间的关系，产生一系列的矛盾并形成冲突，给人带来很多的烦恼。

有的人由于人际关系状况欠佳，导致产生不良情绪，影响整个生活、工作的质量。如果他希望化解人际矛盾、消除人际隔阂，他就应该有意识地进行人际交往心理的"加减法运算"。他可以有意识地减少一些不成熟的、不被人们所接受的为人处世、待人接物的态度及行为方式，如冷漠、任性、嫉妒、自我中心、损人利己；同时，有意识地增加一些成熟的、他人乐意接受的为人处世、待人接物的态度及行为方式，如热情、随和、宽容、尊重他人、公私兼顾。最终将会拥有良好的人际关系氛围，获得真正意义上的心理平衡。

朋友再亲密也不能忘了以礼相交，千万不要因为气味相投就陷于松懈或粗心大意，不能彼此尊重的友情只会给双方带来伤害。

5. 交友务必要慎重

朋友会对我们的生活产生重大影响，因此在交友时一定要慎重，任何人都不该忽略这个问题，不加选择地乱交友只会伤害自己。

交友不够谨慎，错交了朋友，那么这种朋友就可能是危害你最深的敌人。

一只虱子常年住在富人的床铺上，由于它吸血的动作缓慢轻柔，富人一直没有发现它。一天，跳蚤拜访虱子。虱子对跳蚤的性情、来访目的、能否对己不利，一概不闻不问，只是一味地表示欢迎。它还主动向跳蚤介绍说："这个富人的血是香甜的，床铺是柔软的，今晚你可以饱餐一顿！"说得跳蚤口水直流，巴不得天快黑下来。

当富人进入梦乡时，早已迫不及待的跳蚤立即跳到他身上，狠狠地叮了一口。富人从梦中被咬醒，愤怒地令仆人搜查。伶俐的跳蚤跳走了，慢慢腾腾的虱子成了不速之客的替罪羊。虱子到死也不知道引起这场灾祸的根源。

因此，在选择朋友时，你要努力与那些乐观忠实、富于进取心、品格高尚和有才能的人交往，这样才能保证你拥有一个良好的生存环境，获得好的精神食粮以及朋友的真诚帮助。这正是孔子所说的"无友不如己者"的意思。

相反，如果你择友不慎，恰恰结交了那些思想消极、品格低下、行为恶劣的人，你会陷入这种恶劣的环境难以自拔，甚至受到"恶友"的连累，成为无辜受难的"虱子"。

要结交懂得自尊自爱的朋友。因为一个人如果不自尊，便无法尊敬别人。

与身心健全的人交往，不仅可以使自己得到别人的尊敬，而且也可以促进自己的身心健康，提高品德修养。有自尊心且身心健康的人，通常都有很强的个人主义意识，不喜欢轻易附和别人。但其具有诚实的本性，不仅能忠实于自己，也能忠实于朋友。

那么交友时应该注意哪些问题呢？

（1）朋友多交易滥

交友结友不在多，而在于质量，多交必滥，这是中国古代人对交朋友的经验总结。人们常说："朋友遍天下，知心有几人。"的确，知音难觅呀。况且，一个人的精力是有限的，如果不加选择，一味地以多结交朋友为荣，则会整日忙于应酬，把大部分精力都放在与朋友的周旋上，必然影响自己的正常工作、学习和生活。再者，结交的人多了，也必然影响到对朋友的观察和鉴别。如果所结交的人中有品行不端或用心不良者，也很可能给你带来危害。在社会上，确实有这么一种人，以广泛结交朋友为荣，可以说三教九流，无所不交。严格地说，这不是在交朋友，只不过是不负责任的一般交际行为。真正的朋友在于共同的志向和思想，在于互相帮助，使生活增加乐趣和光彩。

（2）交友切不可太轻率

我们应把结交朋友看作一项十分严肃的事情，绝对不可轻率。在与对方交往的过程中，要注意观察其思想、兴趣、爱好、品质和行为，掂量一下是否值得结交。当然，这里并不是强求朋友是各方面都比自己强的人。"无友不如己者。"孔子是说不要和不如自己的人交朋友，这种观点虽然带有很大的片面性，但也有其道理。因为朋友之间本是互有短长的，在这方面你有优点，在其他方面他有特长，朋友相处，长短互补，这也是交朋友的益处之一。请不要误会，孔子的意思是要交思想纯净、品德高尚的人，向这样的人看齐。还要注意，看朋友是否值得结交并不是不允许朋友有缺点。人无完人，朋友也是如此。只要你所结交的朋友品行端正，能够真心帮助你，不至于对你有害，就可以了。

（3）择友一定要谨慎

我们在择友时，首先一定要明确自己的标准，要结交一生中都会对你有帮助的益友。有的人以兴趣相投作为惟一标准，而不论对方的思想品行，只讲朋友义气，只要你对我好，我对你也同样好。你敬我一尺，我敬你一丈。你肯为我赴汤蹈火，我也会为你两肋插刀。至于是否有利于自己、有利于他人和社会，则根本不考虑了。在他的朋友中，既有讲吃讲喝者，又有讲玩讲闹者，甚至还有为非作歹、流氓地痞之类的人。"近朱者赤，近墨者黑"。这样，难免影响到自己。因此，我们一定要慎重选择朋友，切不可滥交，一定要避免和那些道德品行不端的人结交，免得沾染恶习。

一些人因交友不慎走上违法犯罪的道路，从而使自己的前程、理想、事业全部化为乌有。比如，某装修公司经理马某，在业务往来中结交了许多朋友。一天，一个朋友和他一起吃喝玩乐后把他带到宾馆的一间豪华房间，神秘地递给他一支香烟，马某毫不介意地抽了起来。不一会儿，马某感到异样，这时，朋友告诉他，香烟中放了毒品。马某当时十分气愤，转身就离去。但初次吸毒的体验却使马某产生了这样的想法：再吸一次。于是，他再次找到那位朋友，又要了一些毒品。从此，马某一发而不可收，一个月过后，他已经成了一个十足的瘾君子。公司业务没心思过问，妻子也不去关心，他只是不断地动用自己的积蓄，花费巨资用来购买毒品，而向他提供毒品的，正是勾引他第一次吸毒的那位"朋友"。短短两年时间，马某就花掉了几十万元的积蓄，妻子多次规劝，马某自己也曾多次痛下决心戒毒，两次进戒毒所，但都无济于事，妻子失望之余弃他而去，马某悔恨不已。在月末的一天，马某登到公司正在承建的一座十六层楼房的楼顶，然后跳了下去，结束了自己的生命。

看来选择朋友虽是细节问题，但却轻忽不得。那么怎样分辨朋友的好坏呢？答案是用时间来看朋友。所谓用时间来看待朋友，是说看朋友是否可靠要用长时期来观察，而不在见面之初就对一个人的好坏下结论，因为太快下结论，会使你个人的好恶观念发生偏差，影响你们的交往。另外，人为了生存和利益，大部分都会戴着假面具。和你见面时便把假面具戴上，这是一种有意识的行为，这些假面具有可能只为你而戴，而演的正是你喜欢的角色。如果你据此判断一个人的好坏，进而决定和他交往的程度，那就有可能吃亏上当。用时间来看人，就是在初见面后，不管双方是"一见如故"还是"话不投机"，都要保留一些空间，而且不掺杂主观好恶的感情因素。

一般来说，人不管怎么隐藏本性，终究要露出真面目的。因为戴面具是有意识的行为，久而久之自己也会觉得累，于是在不知不觉中会将假面具拿下来，就像前台演员，一到后台便把面具拿下来一样。面具一拿下来，真性情就出现了，可是他绝对不会想到你在一旁观察。所以交友时要多给自己和对方一些空间，以便观察了解对方。

生活中对你帮助最大的是朋友，但能给你造成最大伤害的也会是你的朋友。因此，千万不要轻率交友，这样做才是对你自己负责。

第十一章 管人管事：
别让细节毁了管理的成效

　　管理无外乎管人管事，然而要对人和事应付自如，做到有效管理也并非易事。有人说管理是一门艺术，而艺术的最高境界就是关注到每一个细节，在细节处找到最终的突破口。所以一个优秀的管理者也必定是一个在细处体味人心，在细处着眼工作，在细处完善自我的人。

1. 注意细节的奖赏才能收到实效

奖赏是管理者常用的激励手段，然而在奖赏下属时必须注意细节，否则的话不但得不到应有的成效，有时还会弄巧成拙。

首先，奖赏要注意方法。奖赏是调动下属工作积极性的好点子，可惜的是，由于许多管理者不注意奖赏的方法，不但未能收到预期的效果，反而使公司内部矛盾重重，冲突不断，造成公司工作效率低下、优秀员工大量流失等后果。

有一家规模庞大的公司为了提高业绩，决定出奇招，以多项大奖来激励销售部的50名推销员。这些奖品五花八门，大至1辆新轿车，小至1张礼券，总共有30种之多。在活动期间，每个推销员各凭本事去拉客户，等活动结束之后就开始清点每个人的战果，业绩位居第一的推销员可以领到30张摸彩券，第二名29张，依此类推，也就是第30名可以领到1张，后面的就没有了。

到了庆功晚会上，摸奖的活动开始：从箱子里所抽出的一等奖可获轿车1辆，二等奖获电冰箱1台，依此类推。到了要抽奖的时候，公司的老总忽然又宣布一项新规则：每个人只能取一项奖品，结果呢？让人跌破眼镜，轿车被第12名的拿去，而电冰箱则落入第23名的手中。销售业绩排名第一的人居然只抽到了一条领带，事实上，排在前5名的推销员所抽到的都是微不足道的小奖。在饱受其他同事取笑之余，可说是群情激愤，最后索性集体跳槽到别家公司。原先公司的管理者在始料未及之际，也只有摇头叹息的份，"唉，这个高兴那个恼，不管怎么做，我都是输家！"

究其失败原因，主要是该管理者没有考虑到以下几点：

第一，员工们会有自知之明，晓得自己到底有没有资格去角逐，如果他们抱着局外人的心态在看好戏，士气反而会更低落；

第二，僧多粥少的结果，常常是"一家欢乐，数家愁"。只造成了一个英雄，却带来了许多郁郁寡欢的"失意政客"；

第三，"以成败论英雄"的论功行赏方式失之客观，让许多鞠躬尽瘁却时运不佳的人们为之气结，容易产生强烈的反对情绪。

再举个成功的例子：有一天，外国某公司的总裁深深为一位员工的杰出表现而感动，想当场奖励一番，但身上无一物可给，情急之下，这位总裁把手伸到桌子上的一盘水果上，剥了一根香蕉来送给那位员工以表谢意。因为这个点子广受欢迎，公司甚至发明了用黄金打造的香蕉领针。后来它成为公司内部竞相争取的奖品。

这个例子充分体现了奖赏的艺术。如果你身为一个管理者，也可以仿效上面的做法。可以在心中设定一套临时的奖励标准，只要部下们达到这项标准就可给予一项小奖，无须等到目标达到之后才去论功行赏。

其次，奖赏不能搞平均主义。奖赏作为一种激励员工的手段，其作用是不言自明的，但是奖赏不能搞平均主义，却是许多领导者所不能理解的。

在许多企业中，管理者对下属评价过松，几乎每个人都获得过不同程度的奖赏，优秀的工作人员则无法脱颖而出。过多过滥的奖赏降低了应有的"含金量"，也失去了应有的意义。还有，表现出色的人如果没有获得一定的实际利益，奖赏也同样毫无意义，下属的工作热情就会消退。大家都赏实际上等于谁都没赏。

管理者必须区别每个员工的工作好坏，给予不同的人以不同的评价和物质待遇。你可以要求下属们互相注意各自的表现，判断各自获得的评价是否公正。不公正的评价，不论是过高还是过低，都会打击下属的积极性，降低上司的信誉。上司也就失去了影响他们的力量。

一定不要让奖赏泛滥，要敢于实事求是，褒奖得宜。如果你能对下属的工作表现随时记录的话，这其实不成问题。

在相当长的时间里，我国国内企业一直遵循着平均主义的分配原则，也就是所谓的"吃大锅饭"。即使今天，这种现象还部分存在。平均主义貌似减少分配中的矛盾冲突，容易使员工产生心理平衡，起到维持团结的局面，但它忽视劳动质量的差异、滋长每人有份的平均主义思想，无法激发员工的积极性，使有能力的人难以脱颖而出，弊端是十分明显的，所带来的隐患也非常严重。

（1）削弱了管理者的权力，管理者用人困难。公司企业的工种总是有差别的，有的工种劳动强度大一些，有的工种劳动强度小一些；有的工作难度大，有的工作难度小；有的技术要求高一些，有的技术要求低一些。这些差别不能在分配中体现出来或得到补偿，势必造成管理者用人中出现实际困难。即使分配下去了，人心不顺，对工作常常抱怨，也会加重管理者的工作难度，削弱管理者的威信，造成实施领导的困难。

（2）难以调动员工的积极性，使能人变成庸人。某甲非常能干，工作认真负责，技术过硬，若是实行计件工资，一个人能做两个人的工作。可是，该厂大搞平均主义，多劳不会多得。某甲工作时，常常瞻前顾后，别人做多少活，他就做多少活，他做得不多也不少，差不多就行了。久而久之，这位非常能干的人变成个"差不多"先生。这种情况在目前也并不少见。

（3）分配不公平，有本事的员工纷纷跳槽。公司企业不能体现多劳多得的分配原则，能干的人的价值不能得到承认，劳动不能给予相应的回报，能人自然要往高处走，找一个能实现自身价值的地方。能人跳槽的跳槽，即使没有跳槽也变成了庸人。没有人才，企业公司何谈发展。

（4）勤恳的人变懒人，员工缺乏责任心。在平均主义的分配原则下，员工所得的报酬是干多干少一个样，干好干坏一个样，工资和奖金起不到奖勤罚懒的作用，员工的工作表现主要是依靠员工的自觉性。然而用这种自觉性来维持工作热情的作用是极其有限的。员工中总会有一部分人自觉性很差，虽然他们在公司的数量不多，但影响极坏。他们可能寻找一切机会溜边、耍滑，找个借口晚来一会儿，早走一会儿。对于工作，能磨蹭就磨蹭，能拖延就拖延，能让别人干，就让别人去干，自己落个清闲自在，反正到月底、年终我一分不少拿，何乐而不为呢？像这样做的人，最初可能是少数几个人，但这种人的影响是极坏的。一些人可能跟着学。另一些人虽然不效仿他们，但心里有怨气，工作自然散漫一些。员工越来越懒惰，责任心越来越差，长此以往，公司不垮才怪呢！

第三，激励不可趁机大张旗鼓

好不容易拿一些钱出来奖励，就要弄得热热闹闹，让大家全都知道，钱花得才值。这种大张旗鼓的心理，常常造成激励的反效果。

被当做大张旗鼓宣传的对象，有扮演猴子让人耍的感觉。看耍猴子的观众，有高兴凑热闹的，有不高兴如此造作的。一部分人被激励了，另一部分人则适得其反。对整个组织而言，得失参半。

劳动节奖励优秀员工，等于在宣布除了这些优秀员工以外，都不是优秀的员工。这边热热闹闹，外面的人，并不加以理会。大张旗鼓，如果不能引起大众的关心，效果相当有限。万一惹得大家厌烦，否定大张旗鼓宣传的对象，认为是一种"表演"，那就更加无效了。

第四，奖励不可显得偷偷摸摸

奖励固然不可大张旗鼓，惹得不相关的人反感，但也不可以偷偷摸摸，让第三者觉得鬼鬼祟祟，怀疑是否有见不得人的勾当。

管理者把员工请进办公室去，关起门来密谈一小时，对这位员工大加奖励。门外的其他员工，看在眼里纳闷在心里。有什么大不了的事，需要如此神秘？因而流言四起，有何好处？

许多人在一起，管理者偏要用家乡话和某一员工对谈；或者和某一员工交头接耳，好像有天大的秘密似地。其他的人看他们如此偷偷摸摸，会不会产生反感？

第五，奖励不可偏离团体目标

凡是偏离团体目标的行为，不可给予奖励，以免这种偏向力或离心力愈来愈大。管理者奖励员工必须促使员工自我调适，把自己的心力朝向团体目标，做好应做的工作。

管理者若是奖励偏离目标的行为，大家就会认定管理者喜欢为所欲为，因而用心揣摩管理者的心意，全力讨好，以期获取若干好处。一旦形成风气，便是小人得意的局面，对整体目标的达成，必定有所伤害。

目标是奖励的共同标准，这样才有公正可言。所有奖励都不偏离目标，至少证明管理者并无私心，不是由于个人的喜爱而给予奖励，尽量做到人尽其才。偏离目标的行为，不但不予奖励，反而应该促其改变，亦即努力导向团体目标，以期群策群力，共同完成既定目标。

最后，奖励不可忽略有效沟通

奖励必须通过适当沟通，才能互通心声，产生良好的效果。例如公司有意奖赏某甲，不征求某甲的意见，便决定送他一部电视机。不料一周前某甲刚好买了一部，虽然说好可以向指定厂商交换其他家电制品，也造成某甲许多不便。公司如果事先透过适当人员，征询某甲的看法，或许他正需要一台电动刮胡刀，那么公司顺着他的希望给予奖品，某甲必然更加振奋。

沟通时最好顾及第三者的心情，不要无意触怒其他的人。例如对某乙表示太多关心，可能会引起某丙、某丁的不平。所以个别或集体沟通，要仔细选定方式，并且考虑适当的中介人，以免节外生枝，引出一些不必要的后遗症，减低了奖励的效果。

在奖励员工的过程中，这几方面细节往往是容易被忽略的，管理者还需要认真加以注意，以使奖励达到最佳的效果。

奖励对员工来说是一种兴奋剂，但在进行奖励时一定要注意细节问题，免得产生副作用。还有奖励不一定非得是物质奖励，精神奖励也是不可或缺的要素。

2. 成功的管理离不开沟通

你是大老板也好，小主管也罢，要想实现有效管理，让下属依照你的意愿办事，就一定不能忽略了一个细节：沟通。只有善于沟通的管理者才能领导下属。

管理者要想和下属有效沟通，让他们依照你的意思行事，就必须摸清下属的性格，对不同的人采用不同的方法，不能千篇一律，也不能"牛不吃草强按头"。

摸透下属的性格，必须对下属有全面、细致的了解。对下属的情况知道的越多，就越能理解他们的观点和存在的问题。作为管理者，你应该尽一切力量去认识和理解一个人的全部情况。

作为管理者，手下的员工有各种各样的性格，不能一刀切。这里的性格包括下属的修养、知识水平、爱好、家庭出身……管理者在沟通时要根据不同的情况区别对待。和知识分子型的下属沟通时，就要引经据典，礼貌而不失威严；和文化素质不高的下属沟通时，要用明白的词语，不要绕弯子；对于比较腼腆的下属，可以先启发引导或是旁敲侧击；对于直率开朗的下属，则不妨开门见山；对于那些事事悲观，对新观念不抱希望的下属，在和他们沟通时一定要保持一种乐观进取的态度，让他们有所放松，并多多鼓励他们积极进取。对于那些脾气暴躁的下属，应当在他们心平气和时与他们沟通，态度要端正、尽量以理服人，不给他们发脾气的借口。

除此之外，管理者和员工沟通时还有很多小细节往往会影响到员工对管理者、公司以及工作的看法。中国人心思细密，在交往中喜欢察言观色，一些员工常常会从管理者和他们的沟通中寻找蛛丝马迹。他们很注意管理者说什么，以及没说什么。他们也很在意管理者的聆听能力，以及他们关心员工的程度。如果管理者疏忽了一些小细节，会产生和员工沟通的障碍。

管理者要注意态度和控制情绪。成功的管理者不随波逐流或唯唯诺诺。他们有自己的想法与作风，但是很少对别人吼叫、谩骂或争辩。他们的共同点是自信，有自信的人常常是最会沟通的人。此外，管理者在沟通时也要注意情绪控制，过度兴奋和过度悲伤的情绪都会影响信息的传递与接受，尽可能在平静的情绪状态下与对方沟通，才能保证良好的沟通效果。

管理者要善于询问与倾听。在沟通中，当对方行为退缩，默不作声或欲言又止的时候，可用询问引出对方真正的想法，去了解对方的立场以及对方的需求、愿望、意见与感受。这时管理者可以以聊天的方式开头，"最近工作如何?""公司最近比较忙，累不累?"等。这样一方面为要说的话铺路，另一方面还可营造比较自然的谈话气氛。管理者积极的倾听可使对方对自己产生好感，从而诱导员工发表意见。

但是有些管理者只是不断地说，从来不管下属的心情。这种管理者不仅无法了解到任何情况，而且员工在面对这种永无止境的演讲时，通常会觉得兴味索然。管理者除了要注意仔细聆听外，也要注意简单地复述已听到的部分，以确定没有听错下属的意思。这么做是让员工知道管理者真的重视他们的谈话。

管理者在与员工沟通的过程中应尽量少用身体语言。身体语言在沟通过程中非常重要，有 50％ 以上的信息可能是通过身体语言传递的。管理者的眼神、表情、手势、坐姿都可能影响沟通。管理者专注凝视对方，还是低着头或是左顾右盼，显然会造成不同的沟通效果。管理者坐姿过于后仰会给下属造成高高在上的感觉，而过于前倾又会对下属形成一种压力。因此，管理者要把握好身体语言的尺度，尽可能地让对方别感到紧张和不舒服。只有让对方尽可能地放松，才能让他说出真实的感受。

　　说实话，要让下属在管理者面前真正放松下来也不是一件简单的事，管理者是员工的上司，在一定程度上员工对于管理者是敬畏有加的。所以在管理者与下属沟通的时候，下属经常是唯唯诺诺，不敢多应声，或者是过于拘谨，不敢放开手脚表达自己的意思。如果管理者也是这样，气氛就会很沉闷，万一再有一些争执，很可能造成不良后果。作为管理者应该学会营造一种宽松、和谐的气氛来进行沟通。

　　管理者在与下属交流的时候，要注意使用各种方法。比如说谈论一些下属感兴趣的事，然后转入正题。或者在场面僵化的时候，来一个适当的幽默，整个谈话的气氛就会为之一变，员工的积极性也会被调动起来。

　　某单位王主任很善于创造氛围。而在一次会议上，王主任想让大家畅所欲言，大家反而有些拘束。为了把气氛弄得活跃一些，王主任又发挥他的特长。他说："有个善于演讲的人总结了一条经验，要调节会场情绪，只要注意看两个人：一个是长得最漂亮的，看那个人可以让你的讲话更有色彩；第二个是要注视会场上最不安定的那个听众，这样你会更有信心。我想学习这个方法，可我看了一下咱们的会场，发现长得漂亮的就有 100 个，可是没有不安定的听众，这可让我不好办了……"

　　员工们听完哈哈大笑，气氛一下子活跃起来。员工们也对这位主任有了更深的好感。

人在一个轻松、和谐、融洽的气氛中，心情愉快，最易调动起积极性和创造性，很多灵感会如泉涌，工作效率随之大幅提高。所以，作为管理者，必须善于给下属们营造一个轻松的氛围。

良好沟通是成功管理的重要环节，如果你能更多更好地与下属交流，以随和的亲民领导的形象出现，那么你一定会获得更多的支持和信赖。

3. 在控权与弃权间把握平衡

管理者，尤其是一些基层管理者，往往忽视了授权的重要性，或者把权力握得太"死"，或者不合理授权，结果在管理上造成了混乱，不是影响了下属的工作积极性，就是损害了自己的事业前途。

第一种管理者是控权型的，他们不相信下属的能力，事无巨细都要由自己来做。

有家公司业务经理王先生，奉派到国外出差10天。王先生平时做事就很仔细，什么事都亲自下命令，并一一验收成果。虽然他手下有好几个人，但他从不将有责任性的工作交给他们做，因为王先生认为："他们做事没有效率"。

就因为这样，很难想像他不在这10天，公司里会发生什么事。

王经理将出差前能处理的事全都处理完，并将在这10天里可能发生的事都写在笔记本上，然后才动身出国。但因工作上遇到一些问题，所以原本打算停留10天的行程，只好延长到一个多月。

王经理一直担心那些"不值得信赖的员工们"，在这期间都做了什么呢？所以就利用工作之余打国际电话、电报和他们联络，但又没有当面说得清楚，他心想在他回国时，公司可能已经大乱了吧？

但是王经理回国后发现，这些员工的工作，完全没有因为他的出差而受到任何影响。反而当他的行程决定延长时，员工们自动自发的心理更加强烈。

这些平时依赖领导者的员工，各自负起责任去处理部门内的事，所以即使王经理不在，各种业务依旧顺利进行。碰到难以决定的事情时，大家就互相商量，然后去请示相关主管。

王经理的员工们因为这次事件，对工作也有了醒悟。管理者有时候不妨故意制造些这种机会，这样一来，将会意外地发现员工的潜力。

到其他公司商量事情时，常会遇到一些管理者只是把负责人叫来，说一句："其他的就由您和这位负责人一起做决定。"然后就离开的情形。

通常管理者只决定个大概，其他细节部分则交给负责人处理，这是一个让负责人发挥能力的机会，而且，他们对工作细节的了解也比管理者多。

但是，有时当我们和负责人决定后的事情，已经开始有进展时，他们的管理者又突然出面干涉。

结果，一切都要等管理者裁决后才能运作。虽然他口头上说要把权限交给负责人，但事实上，决定权还是在他手上。

要知道每个人都有强烈的欲望，希望被别人重视，故想多担负一些责任。因为担负了责任，自己就有责任感，换句话说，给了某人责任与权限，他就可以在此权限范围内有自主性，以自己的个性从事新的工作，因此他就拥有了可自己处理事务的满足感与成就感。因此适当地授权给下属，不干涉他们的工作细节，才是管理者明智的选择。

第二种管理者是弃权型，他们说一句"这事你来办"，便从此不闻不问，任由下属随便做，这也属于不合理授权。

历史上有许多例子说明不合理地向下授权，会造成严重的后果。法国国王路易十四，晚年宠信"外表文静、内心暴戾"的神父勒泰利埃，竟使他滥用权力，大肆迫害反对他的教徒，监狱里关满了无辜的平民。我国明朝皇帝熹宗朱由校，授予宠臣魏忠贤不合理的权限，不管魏忠贤启奏何事，他都是一句话："你看着办吧，怎么办都行！"结果，促使魏忠贤胆大妄为，遍设特务组织锦衣卫，肆无忌惮地杀戮重臣名将。

以上这些都是授权不合理的典型，是值得借鉴的。在现代企业里，也有这种授权不合理的表现。用人偏听偏信，放权不当，领导者授权超出了合理的范围，其结果是促成大权旁落，出现难以收拾的局面，使企业领导者的活动受到干扰，领导者工作计划遭到破坏，影响企业的经营成果，任务、目标不能完成。

领导者授权，不是把权力放下去以后就撒手不管了，授权之后必有的一步便是控制。授权要有某种可控程度，不具可控性的授权，就不是授权，而是领导者弃权。

《韩非子》里有这样一则故事：鲁国有个人叫阳虎，他关于君臣关系的一番话触怒了鲁王，因此被驱逐出境。他跑到齐国，齐王对他不感兴趣，他又逃到赵国，赵王十分赏识他的才能，拜他为相。近臣向赵王劝谏说："听说阳虎私心颇重，怎能用这种人料理朝政？"赵王答道："阳虎或许会寻机谋私，但我会小心监视，防止他这样做，只要我拥有不至被臣子篡权的力量，他岂能得遂所愿？"赵王在一定程度上控制着阳虎，使他不敢有所逾越；阳虎则在相位上施展自己的抱负和才能，终使赵国威震四方，称雄于诸侯。

由此可见，领导者在授权的同时，必须进行有效的控制。领导者在运用这一谋略时，必须牢记以下几点要诀：

首先，在将下属放在某个工作岗位上、或者交给他某一项任务时，领导者必须首先想到，根据完成这些工作任务的需要，应该授予下属哪些权力，并且根据这些权力，进一步规定相应的职责和利益。

其次，在向下属授权时，最好事先检查一下：在这些授给下属的权力之中，是否混杂着少量有害的、多余的权力——当然不是只对领导者有害，而且也对下属自身有害，对实现管理目标有害。凡是有害的权力，必然是多余的权力。只要一经发现，就应该坚决将其剔除。

第三，应该设法使每个下属成为领导者的手的延伸、脚的延伸、眼的延伸、耳的延伸，但切勿成为脑的延伸。因为这样一来，下属就成为地地道道的领导者的傀儡了。正确的做法是，在智力上，应该使下属与自己形成脑的叠加或互补，最大限度地发挥人才的群体优势，从而使下属成为一个富有朝气和生命力的细胞。

授权之后，领导者的具体事务减少了，但领导者指导、监督、检查的职能却相对增加了，领导者的这种指导、监督和检查并不是干预，而是一种把握方向的行为。

既然这两种做法都有偏差，怎样做才是恰当的呢？我们认为，管理者在授权时应当把握以下三个要点：

（1）视员工为事业伙伴

要做到成功地授权，必须有下列几种理念：

视员工为事业伙伴，是创造资产的决定因素。

每位员工都期望得到管理者的赏识——若他们的心里有这种感受的话，就会尽全力为此奋斗。

让员工有学习的机会——人不是生下来就会做事，任何事情都是学来的，即使是管理者也不例外。一定要让员工有学习与犯错误的机会，从错误中吸取教训，积累经验。

精心教导员工——员工犯错，在所难免。任何人不可能什么事都由自己做，必须有心栽培值得信赖的可挖掘其潜力的员工，耐心地教导他们。待一段时间之后，你就该大胆地授权给他，让他自主发挥。这样，公司才留得住优秀的人才，这也是一个公司永续经营之道。

（2）授权不是弃权

授权就是让员工有自主权，像自己当领导一样获得尊重与肯定，具有相当程度的成就感。授权并不是要你授权之后什么都不管，你仍须随时待命，当公司遭遇极大难题，员工解决不了，此时你仍必须亲自出马解决，绝不能坐视不理，让公司蒙受损失，那就失去了授权的意义。

（3）权责相伴

承担责任就是本人对工作结果要负责任，因为公司是以盈利为目的的组织，没有盈利，公司就失去了存在的价值。对员工委托某一项任务时，一定要明确指出这项工作必须盈利。只有这样才能使之感到责任重大，不能应付了事，必须认真对待。

4. 批评下属时需要注意的小问题

下属犯了错误，你必然要提出批评，但需要注意的是你不能想说什么就说什么，如果忽略了一些细节问题，不但达不到教育其改正的目的，甚至还会引起矛盾。

（1）切忌当众批评下属

当着众人的面批评一个人不仅是自己拆自己的台，而且会使受批评的人意志消沉，产生自卑感。有一个经理在现场检查产品质量时，对一名主管大声斥责："喂，你竟给生产劣质产品开绿灯！要知道，公司是不接受这种劣质产品的。你在这里表现得不好，你必须赶快把质量搞上去；否则，我会重新物色人选。"结果，除了他以外，在场的所有人都很气愤。

这样当众训斥人不但会使被斥责者十分气愤，而且还会使在场的每一个人都感到十分尴尬，感到自己有朝一日也会有同样下场，于是人人自危。同时，这样做还有可能导致员工怀疑其上级的能力。这样，他作为一名管理者所能发挥的作用就小了，其自尊心也会受挫伤，致使他从此疑虑重重。经理这样愚蠢地处理问题，只能使问题更加严重。经理不应该当众批评下级人员，而应私下同他研究质量问题，这样既能使产品质量问题得到妥善的解决，又能保护下属员工旺盛的士气，对各方面都有好处。

人都是要面子的，尤其是在大庭广众之中。有一些管理者总喜欢不分场合地对手下的部门负责人指手画脚，当众喝斥，动辄发脾气，把下属人员置于难堪的境地。他以为这样做会激发员工发挥更大的能动性，通过羞辱行为教育下属人员，以为这样才能体现自己的威严。这样做虽然对下属人员一时会奏效，但却不能长久下去，因为它会造成人为的心理紧张，对人的自尊心是一种极大的伤害。即使下属人员当时被迫接受了管理者的责备，但内心深处却留下了一个阴影。不断地被斥责，阴影会越来越大，终于会有一天爆发出来，使管理者与下属人员矛盾激化。更有可能的是，下属人员产生的自卑心理会越来越强，意志会日益消沉，尤其是年轻人，还会自暴自弃。这对用人、激励人是没有任何好处的。

一个成功的管理者，当他的下属犯了错误时，他会选择适当的方式，如私下里面对面对下属提出批评。这样，下属会感激万分，因为他清楚，上司不仅给了他面子，而且还给了他机会，知恩必报，以心换心，下属会更加努力，做出好成绩来报答上司。

（2）批评时要"看人下菜碟"

在批评的过程中，不同的人由于经历、文化程度、性格特征、年龄等的不同，接受批评的能力和方式也有很大的区别。同时，由于性格和修养上的不同，不同的人对同一批评也会产生不同的心理反应。因此，管理者在批评时就要根据被批评者的不同特点采取不同的批评方式，切忌批评方法单一，死搬教条。

一般来说，对于自尊心较强而缺点、错误又较多的人，应采取渐进式批评。由浅入深，一步一步地指出被批评者的缺点和错误，从而让被批评者从思想上逐步适应，逐渐地提高认识，不能一下子将被批评者的缺点"和盘托出"，使其背上沉重的思想包袱，反而达不到预期的目的。

对于性格内向、善于思考、各方面都比较成熟的人，应采取发问式批评。管理者将批评的内容通过提问的方式，传递给被批评者，从而使被批评者在回答问题的过程中来思索、认识自身的缺点错误。

对于思想基础较好、性格开朗、乐于接受批评的人，则要采取直接式批评。管理者可以开门见山、一针见血地指出被批评者的缺点错误。这样做，被批评者不但不会感到突然和言辞激烈，反而会认为你有诚意、直率，真心帮助他进步，因而乐意接受批评。

总之，批评要根据对象的不同特点采取不同的方法，从而有效地达到批评的目的。

（3）批评要把握"度"

人们常说"凡事得有度"，可见，做什么事情都得掌握一个度，要有"分寸"。在批评中也一样，"过"与"不及"都是应当避免的，要力争做到恰到好处，从而更好地达到使人奋发向上的目的。那如何才能做到恰到好处呢？

第一，管理者要在批评前告诫自己批评的目的不是针对人而是要通过批评来帮助员工改正错误，进而使他奋发向上；要告诫自己只要达到了这个目的就不要再刻意去责备员工，只要员工认识到了自己的错误，诚心地表示要吸取教训，并提出了改进方案，这样批评的效果就已经达到了，这时就不应该再批评而应该多鼓励。

第二，充分认识到与员工的关系是一种合作的、同志间的关系，认清彼此间并不存在根本的矛盾。因此，批评的目的是要把问题谈透，而不是把下属批臭。管理者在批评中应该表现出一定的大家风范和君子气派，切不可小肚鸡肠、斤斤计较，必要时还可以适当选用具有一定模糊性的语言，暂为权宜之策。

第三，下属员工所犯的错误，虽然不是一种根本对立的矛盾，但毕竟是犯了错误，需要的就是批评而不是褒奖。如果批评时语言没有分量，嘻嘻哈哈不了了之，就会失去批评的意义，从而使得错误在组织中形成一种不良的影响，得不到有效的控制。应本着惩前毖后的原则，既要维护制度的威严，又不能放弃原则，以免赏罚不明、纪律松弛。

第四，要仔细分析员工犯错误的原因和程度的轻重而给予不同程度的批评，切忌等量齐观、"一视同仁"、各打五十大板，其结果是让被批评者心里产生一种愤愤不平之感，引出一些不必要的麻烦。应当该轻则轻，不能揪着辫子不放；该重则重，切莫姑息迁就。

总的来说，适度批评就是要实事求是地分析员工的错误，根据不同情况采取适当的批评，做到批评能"适可而止"。

(4) 批评要有人情味

管理者的批评实质上就是帮助员工认识错误，并协助其改正错误，因此，诚意和关爱在这种帮助过程中起着极其重要的作用，毕竟人们不需要虚情假意的帮助。

这里说的诚意就是指批评的形式、手段、方法要光明磊落，态度十分诚恳、友好。比如将心比心，不让对方下不了台，不把责任推给别人，不揭老账，诚实做人，体谅员工的难处等等。爱心就是指批评的目的完全是为爱护员工、提高员工的素质。目的高尚纯洁，"一片冰心在玉壶"，不掺一点儿私心杂念。而这种诚意和爱心正是员工极为重视的，能感受到来自管理者的诚意和关爱，员工也就更为乐意接受批评，进而认真地去认识和改正错误。

因而，管理者在批评时应采取一种诚恳的态度，多从员工的角度去考虑问题，对员工动之以情、晓之以理；不是一味地采取粗暴的方式批评，而是要客观地评价员工的过错，热心地帮助他们分析错误的原因，以宽容的批评去鼓舞他们勇于面对错误，就会让他们感受到你的批评就是一种关爱，从而激发员工主动地去承认错误，并努力地去改正错误。

（5）不是所有的失败都要批评

失败的原因是多种多样的，或是办事的人主观不够努力，或是办事者经验不足，再或者是由于某些客观条件不够成熟，甚至可能是由于巧合，偶然地失败了。在所有这些原因中，除了主观不够努力尚可指责外，其他都不能简单地归罪于失败者。如果不分青红皂白，一听到，或看到下属失败，就肆意指责的话，下属是肯定不会心服的。

常言道："失败是成功之母。"很多成功都是在经历了失败之后才取得的。换句话说，要有人去失败，才会有人成功。如果一失败就遭到劈头盖脸的指责的话，人们就会过分害怕失败，遇到该冒险的事也不敢或不愿去冒险。什么事都要到有百分之百的把握才去干，那还会有多大的进展？看上去是保险可靠了，但企业的竞争力也大大减弱了，在很多事情上会坐失良机。

当然，我们也不是说失败时一概不可责备。如果所有的失败都不能指责，那领导者恐怕就没有什么机会可以指责下属了。我们在此可以列举一些不可指责的类型，以供领导者在看到下属失败时加以区别：

1. 动机是好的

同样是失败，如果动机是好的，没有恶意的话，则不可指责。指责的目的是纠正和指导，如果动机良好而无心犯了错误，就没有必要指责。只需纠正他的方法就可以了。反之，基于恶意、懒惰所造成的失败，就需给予处罚。

2. 指导方法错误

由于领导者或前辈的指导方法错误而造成的失败，当然也不能指责。要先弄清楚责任所在，指责该负责的人。

3. 尚未知结果之事

刚试着做或正在实验中的事，结果尚不明确，不能加以指责。否则，下属就没有勇气再尝试下去，造成半途而废。

4. 由于不能防止或不能抵抗的外在因素的影响

这种情况当然不是下属的错，下属没有义务承担这个责任。没有责任就不能指责。

最近一段时间，网络上流传着一封秘书致总裁的批评信，起因就是总裁严厉地批评秘书，结果引起了反弹。看来，作为一名领导，在批评下属时还是应当注意方式方法和细节问题，不伤害下属感情的批评才是有效的批评。

5. 给下属留下发表意见的机会

领导并非全知全能，知识、经验、能力也都有限，因此应当多听取下属的意见，集思广益。同时给下属发表意见的机会，也是尊重他们的一种表现，会使下属更积极地投入工作。

在听取下属意见时，有几个小错误是千万不能犯的：

第一，不要心不在焉。管理者听取下属意见时的态度，对下属的情绪有着很大的影响。如果态度认真，精神专注，下属会感到上司是重视他的意见的，从而把自己的想法无保留地说出来。如果心不在焉，一会儿打个电话，一会儿向别人交代事情，一会儿插进与谈话内容不相干的问题，就会使下属感到管理者并不重视他的意见，不是真心诚意听他讲话，从而偷工减料，把一些准备谈的重要意见留下不讲了。所以，听取下属意见时，只要不是临时仓促确定的，谈话之前一定要把其他事情安排好，避免到时发生干扰。

第二，不要仓促表态。有的管理者在听取下属意见时，往往好当场仓促表态。这对下属充分发表意见是很不利的。对赞成的意见表了态，其他人有不同意见可能就不谈了；对不赞成的意见表了态，发言者就会受到影响，妨碍充分说明自己的想法，甚至话说到一半就草草结束。管理者在听取意见时，最好是多做启发，多提问题，不仅使下属把全部意见无保留地谈出来，还要引发他谈出事先没有考虑到的一些意见。

第三，不要只埋头记录，不注意思索。埋头记录，固然表示管理者重视，但不注意思索，往往会把下属意见中可取之处或蕴含着的有价值的意见漏掉。所以，管理者在听取意见时，固然要用笔记下要点，但更重要的是要注意思索，要善于从下属发言中捕捉和发现有意义的内容，并及时把它提出来，以引发人们的进一步思考。

管理者征求下属意见时，经常会有人提出反面意见，这是正常的现象。但能否正确对待反面意见，则是关系到下属能否充分发表意见，关系到能否从下属意见中吸取智慧的十分重要的问题。

通常所说的反面意见，就是指同管理者的意见或居主导地位的多数人的意见相反的意见。反面意见这个词并不包含有内容是否正确的含义，它可能是错误的，也可能是正确的，因此不能将它同错误意见混同起来。明确这一点，才有可能正确认识和对待反面意见。

管理者应鼓励和支持下属提出不同意见，注意发现反面意见。当讨论问题出现反面意见时，既不要断然拒绝，也不要急于解释。而应以热情欢迎的态度，认真地耐心地听取，要让提出者详尽地阐明自己的意见和理由，然后对他们的意见进行认真的分析。对其中合理的部分应肯定，并纳入到方案或决议之中，有的合理意见由于某种客观原因一时不便纳入的，也应明确说明，以便提意见者理解。对其中不合理的部分，则应通过讨论，从正面说明道理，帮助提意见者提高认识。

还有一种情况是，有些下属会借发表意见之机向领导发难，以便试试领导的深浅。这种时候，千万不要与下属起争执，更不要表现得太过激烈，而是应当从容应对，及早抽身。

例如：有的人会拿自己最精通的事，故意发问，以探虚实。如果领导者被问得支支吾吾、含糊其辞或是无言以答，他或许就会洋洋得意，甚至不客气地说出这样的话："科长，这样简单的事您也不知道？"

在这种场合，领导者如果涨红了脸，缄口无言，半晌不语，就会丧失应有的尊严，无法顺利地做好今后的管理工作。

因此，必须学会严肃地对待下属的发难。

比如说，在上述的场合下，可以从容不迫地回答一句："你对自己的业务已经干了三四年之久，应该精益求精才对。如果你这样炫耀自己掌握的一点知识，不就恰恰表示你还年轻无知吗？"

这样不愠不火的话语、不愠不怒的态度，便是对发难的下属所施予的最沉重、最致命的反击。这样做，既不让事态进一步恶化，又可显示出自己的风度与气量。

当领导的固然应该是一位比别人略高一筹的"通才"，应该博学多识，多知多能，但却不可能对样样事务都精通。因此，在员工强过自己的事情上，可以不与之较量，而是采取迂回曲折的方式巧妙地回避开，紧接着高瞻远瞩，在自己强过对方的事情上，引导和启发下属。

与下属发生争论也是领导者在实际工作中会经常遇到的场面。能否有效地处理这种尴尬的事件，也是决定领导者能否获得下属敬重的重要条件。

通常，如果领导者觉得让下属占上风，便会感到脸上无光，因而也急于想驳倒对方。然而，下属（尤其是性格倔犟、脾气古怪的个别下属）也可能以不服输的劲头，硬是坚持自己的小道理，和领导开展激烈的争论。争论越激烈，双方的情绪就会变得越高昂，结果也就越是难以收拾。

因此，领导者应该明智地寻找退身之计，适时地说一句："看来，你对这个问题有一番研究啊！"这样一来，不仅让下属感到脸上增光，或是受宠若惊，而且领导者自己也有了可以下的台阶。

另外，要正确识别和对待错误意见。

对错误意见，管理者一定要冷静，仔细地分析，明确它们错在哪里，采取什么相应的方法，耐心地说明道理，使发言者从认识上得到提高，不影响方案和决策的制定；并且尽可能从这些错误意见中吸取有益的东西，使制定的方案和决策更加完善。

为了使下属发表意见的积极性不受挫伤，能够持久地保持下去，管理者需要对下属的意见，不管是正确的或错误的、正面的或反面的、重要的或不重要的、有价值的或没价值的，都有所交代。对正确的和有价值的意见，不仅口头上接受，工作中采纳，还要给以表扬甚至奖励。一切意见中的可取之处，都应吸收到方案或工作中去，并且告知提意见者。对没有可取之处和错误的意见，也应对提意见的人表示感谢，说明提意见就是对企业的关心，而关心就值得感谢，鼓励他们以后继续关心企业的事业，发现了问题和有什么想法及时提出来。

高明的领导绝不会忽视下属的参谋作用，他们会给下属创造一个有利于他们充分发表意见的环境，借助下属的力量，实现更有效的管理。

第十二章 个人习惯：别让细节毁了你的前途

在日常生活与繁杂的工作中，人们自然而然地形成了一些不容易改变的行为——习惯。小习惯常常会决定人一生的平坦与坎坷、成功与失败、乐观与悲观、得意与失意，因此我们一定要戒除坏习惯，培养好习惯，跨越人生障碍，重新定位你的生活，不要让小习惯坏了大事。

1. 不要为失败和逃避找借口

在面对失败或困难时，一些人总是习惯于找借口逃避，他们没有意识到这个小小的习惯，给他们带来怎样的危害——他们成功的机会就在不断的借口中丢失了。

借口只是在为自己的无能开脱，与其花时间找借口，还不如把精力放在努力做事上。

约瑟夫每天早晨6点钟要到达弗兰克林街的办公室，在7点钟办事员们到来之前把全部办公室打扫好。白天一整天，还得为一位患病的董事，来回不断地送热水。

周薪升到5美元的时候，约瑟夫断然地申请到外面去推销毛纺织品。他既年轻，身体又弱小，然而却得到准许，做起了推销员。不久，他便能取得订单了。

有名的1888年大风雪袭击了全纽约。就在这次大灾难之后不久，一般推销员都在将近中午时分就赶到弗兰克林街的办公室，争先恐后地集拢到火炉旁，尽兴地聊着天。

那天下午相当晚了，大门开处，一股寒冷刺骨的北风直冲进来。同时，几乎冻僵了的约瑟夫，像醉汉似的摇晃着蹒跚地走了进来。

"是不是董事先生来上班了。"老资格的推销员讽刺地说。

"不过，我把今天应做的工作做完了。"约瑟夫回答道，"像这样的大雪，我更加奋发。而且在这样的天气里，不会有竞争的对手，所以给客人们看了更多的样本。我今天得到了43件订单。"

约瑟夫立刻晋升为正式的推销员，薪水也加倍了。他后来成了世界最大的不动产商人。他知道，"今天不成"和"永远不成"两者意思相同。

　　怠惰者常能找到无穷的借口。比如做某件事情，天太热了，或者说，太冷了，下雨不便，风刮得太大，天气变坏了，等等。他们在说这些话的时候，错过了良好的机会，终至不可救药。

　　"要有更好的工作地方，设备更加齐全的地方……"这也是常见的辩解之辞。

　　"周围的人真可恶，叫我无法工作。"这也是怠惰者常找的借口。

　　借口总是在人们的耳旁窃窃私语，告诉自己因为某原因而不能做某事，久而久之我们的潜意识会认为这是"理智的声音"。假如你也有这种习惯，那么请你做一个实验，每当你使用一个"理由"时，请用"借口"来替代它，也许你会发现自己再也无法心安理得了。

　　那些认为自己缺乏机会的人，往往是为自己的失败寻找借口。而成功者大都不善于也不需要编制任何借口，因为他们能为自己的行为和目标负责，也能享受自己努力的成果。

　　那些实现了自己的目标取得成功的人，并非有超凡的能力，而是有超凡的心态。他们能积极抓住机遇、创造机遇，而不是一遭遇困境就退避三舍，寻找借口。

　　习惯性的拖延者通常也是制造借口与托辞的专家。如果你存心拖延、逃避，你就能找出成千上万个理由来辩解为什么事情无法完成，而对为什么事情应该完成的理由却想得少之又少。事实上把事情"太困难、太无头绪、太花时间"等种种理由合理化，的确要比相信"只要我们努力、勤奋就能完成任何事"的念头容易得多。

　　而另一些人则在为他们的失败寻找借口，要知道成功永远也不会和借口同时出现，而成功者大都不善于也不需要编制任何借口，因为他们能为自己的行为和目标负责，也能享受自己努力的成果。

　　一个人做事不可能一辈子一帆风顺，就算没有大失败，也会有小失败。而每个人面对失败的态度也都不一样，有些人不把失败当一回事，他们认为"胜败乃兵家之常事"；也有人拼命为自己的失败找借口，告诉自己，也告诉别人：我的失败是因为别人扯了后腿、家人不帮忙，或是身体不好、运气不佳等。总之，他们可以找出一大堆理由。

失败者完全可以从自身的角度去研究失败，如判断能力、执行能力、管理能力等，因为事情是失败者做的，决策是失败者制定的，失败当然也就是失败者造成的。因此，失败者大可不必去找很多借口。即使找到了借口，那也不能挽回失败者的失败。

其实，尽管有些失败是来自于客观因素，逃都逃不过，但还是不要找这种借口的好，因为找借口会成为一种习惯，让自己错过探讨真正原因的机会，这对日后的成功是毫无帮助的。

面对失败是件痛苦的事，因为就仿佛自己拿着刀割伤自己一样，但不这样做又能如何？人不是要追求成功吗？因此碰到失败，要找出原因来，就好比找出身上的病因一样，以便对症医治。

老是为失败找借口的人除了无助于自己的成长之外，也会造成别人对他能力的不信任，这一点也是必须加以注意的。

不要再为自己找借口了，既然行动是我们惟一有能力支配的东西，那我们就应该选定目标，大踏步走下去，直到获取成功。

2. 马虎轻率误大事

生活中，很多人都有马虎轻率的小习惯、小毛病，他们的口头禅是"马马虎虎过得去就行了！"他们不知道马虎轻率是成功的致命杀手，它不但会妨碍你取得成功，甚至还会毁掉你已取得的成就。

一件小事，你要干漂亮了，它就能成就你的人生。然而，你要不把它当回事儿，它也能给你带来刻骨铭心的教训。

当巴西海顺远洋运输公司派出的救援船到达出事地点时，"环大西洋"号海轮消失了，21名船员不见了，海面上只有一个救生电台有节奏地发着求救的摩氏码。救援人员看着平静的大海发呆，谁也想不明白在这个海况极好的地方到底发生了什么，从而导致这条最先进的船沉没。这时有人发现电台下面绑着一个密封的瓶子，打开瓶子，里面有一张纸条，21种笔迹，上面这样写着：

一水理查德：3月21日，我在奥克兰港私自买了一个台灯，想给妻子写信时照明用。

二副瑟曼：我看见理查德拿着台灯回舱，说了句这个台灯底座轻，船晃时别让它倒下来，但没有干涉。

三副帕蒂：3月21日下午船离港，我发现救生筏施放器有问题，就将救生筏绑在架子上。

二水戴维斯：离港检查时，发现水手区的闭门器损坏，用铁丝将门绑牢。

二管轮安特耳：我检查消防设施时，发现水手区的消防栓锈蚀，心想还有几天就到码头了，到时候再换。

船长麦凯姆：启航时，工作繁忙，没有看甲板部和轮机部的安全检查报告。

机匠丹尼尔：3月21日下午理查德和苏勒的房间消防探头连续报警。我和瓦尔特进去后，未发现火苗，判定探头误报警，拆掉交给惠特曼，要求换新的。

机匠瓦尔特：我就是瓦尔特。

大管轮惠特曼：我说正忙着，等一会儿拿给你们。

服务生斯科尼：3月23日13点到理查德房间找他，他不在，坐了一会儿，随手开了他的台灯。

大副克姆普：3月23日13点半，带苏勒和罗伯特进行安全巡视，没有进理查德和苏勒的房间，说了句"你们的房间自己进去看看"。

一水苏勒：我笑了笑，没有进房间。

一水罗伯特：我也没有进房间，跟在苏勒后面。

机电长科恩：3月23日14点我发现跳闸了，因为这是以前也出现过的现象，没多想，就将闸合上，没有查明原因。

三管轮马辛：感到空气不好，先打电话到厨房，证明没有问题后，又让机舱打开通风阀。

大厨史若：我接马辛电话时，开玩笑说，我们在这里有什么问题？你还不来帮我们做饭？然后问乌苏拉："我们这里都安全吧？"

二厨乌苏拉：我回答，我也感觉空气不好，但觉得我们这里很安全，就继续做饭。

机匠努波：我接到马辛电话后，打开通风阀。

管事戴思蒙：14时半，我召集所有不在岗位的人到厨房帮忙做饭，晚上会餐。

医生莫里斯：我没有巡诊。

电工荷尔因：晚上我值班时跑进了餐厅。

最后是船长麦凯姆写的话：19点半发现火灾时，理查德和苏勒房间已经烧穿，一切糟糕透了，我们没有办法控制火情，而且火越来越大，直到整条船上都是火。我们每个人都犯了一点错误，但酿成了船毁人亡的大错。

看完这张绝笔纸条，救援人员谁也没说话，海面上死一样的寂静，大家仿佛清晰地看到了整个事故的过程。

巴西海顺远洋运输公司的每个人都知道这个故事。此后的40年，这个公司再没有发生一起海难。

有些人在工作中经常犯马虎轻率的毛病，他们觉得任务完成得差不多，凑凑合合就行了，完全没有必要在一些细节上费工夫，磨时间。他们这种毛病一旦成为习惯，就开始不分轻重地轻视所有工作中的细节问题。有时候在一些细节问题上出了错，他们也会认为是小错误、小疏忽，根本无足轻重，不会对整个大局构成危害。你若是善意地批评他们或是规劝他们改正，他们甚至理直气壮地认为："大礼不辞小让，做大事不拘小节，我是要做一番大事业的人，在大刀阔斧的行事，哪能婆婆妈妈的，顾及那些细枝末节的问题呀！"这真是让人哭笑不得。当然，有雄心壮志，希望通过努力工作来创造一番事业是一件好事，但是那不能成为你马虎轻率、粗枝大叶的理由。世间最睿智的所罗门国王曾经说过："万事皆因小事而起，你轻视它，它一定会让你吃大亏的。"

有没有发现，越是专业的人越懂得关注细节。也正是那些细节，造成了最终结果的不同。在习惯了的工作中，能够发现值得关注和提升的小事，并能在它们变成大事之前予以解决，这就是学习力。

在日渐浮躁的商业社会，希望获得更好结果的人们，总是无休止地追逐下一个目标，至于过程中的"小"问题，似乎谁都懒得去理会，但他们恰恰忘记了这正是可以带来好结果的关键所在。难怪连前任美国国务卿的鲍威尔也会把"注重细节"当做他的人生信条呢。

除非你对职业前景并不抱什么希望，否则建议你好好留意这几点：

（1）没有什么"小事"，只要是构成结果的一部分，都值得你去重视。

（2）关注工作流程，只要认为目前还未达到最佳效率，细节就应该关注。

（3）差距往往来自细节，造成不同结果的事，往往是容易被忽略的小事。

当然，许多小事也确实易于被人疏忽，这就需要我们平时的努力啦。只有当我们在意识中对它们有充分的警戒心，就能够注意并克服掉马虎粗心的恶习。时刻对马虎轻率保持高度的警惕心，并养成细心严谨的工作态度，时间长了就会形成细心严谨的工作作风进而形成你的良好习惯和优秀素质，而"习惯常常决定一个人的成败"。有的人可能会说："我生性就是粗枝大叶，大大咧咧，马虎粗心是天性所至，我也不想这样，可是我很难做到细心谨慎怎么办呀？"其实完全不必担心，世上没有十全十美的人，即使是那些功成名就的伟人，他们一开始也是有这样那样的缺陷的，有了缺陷不可怕，只要改掉就行，而且他们也都是这样做到的，最终成就了自己的一番事业。

所以有时候不要认为你自己不能改掉这种恶习，如果你总是这样想，它就成了你不去改这个恶习的借口。如果你不想也不去克服掉这个恶习，你当然就无法成功，因为马虎轻率是成功的致命杀手，它不但会让你不能继续获得未来的成功，甚至还能毁掉你已经取得的成就。这个过程，马虎轻率只要瞬间，而你以前的成就却是辛辛苦苦奋斗了多少年的结果！因为马虎粗心，你就不可能在工作中做到精益求精、尽善尽美。尽管从客观来说你工作确实很努力，很敬业，但是你的工作成果却总是不能让人满意，总是与目标之间有一点点差距，而这个差距只要你再付出一点点精力和努力就能达到，而你却没有做到。长此以往，你的上司就会对你失望，对你不信任不放心，甚至怀有戒备之心。你想想你在公司还有发展的前途吗？还有出头之日吗？严重的是，你能否保住这个工作都是一个未知数。因此不管粗心是天性所致也好，是后天养成的恶习也罢，只要你是追求成功，拥有远大理想的人，只要你下定决心，相信自己，就一定能够克服这个坏毛病。

马虎轻率所带来的小错误、小疏忽的可怕之处在于它们不会停留在原地，而是接着带来毁灭性的危害，因此我们一定要培养自己一丝不苟的精神，即使一件小事也要认真仔细地对待。

3. 耍 "小聪明" 会让自己吃亏

在职场上做久后，一些人开始养成了投机取巧的习惯，在他们看来给别人工作要点 "小聪明" 是天经地义的事，何必太认真呢？然而成功是一步一个脚印走出来的，要 "小聪明" 只能得到一时之利，但却会拉开你与成功的距离。

其实在我们的周围，有很多人本身具有达到成功的才智，可是每次他们都是与成功失之交臂，于是觉得老天对他不公平，怨天尤人。其实他们有没有认真地检讨过自己呢？总是不愿意踏踏实实地去做好自己的本职工作，总是期望很多，付出很少，内心里不屑于去做他们心中的 "一般的小事"，认为他们被大材小用。认为是小事，就开始耍起小聪明，投机取巧，得以蒙混过关。但是他们有没有静下来想过：能蒙得过一次、二次，能总是混过去吗？一旦让老板察觉，就会留下极坏的印象。建立一个好的印象需要长期的考察，而留下坏印象的形成却在一瞬之间。而且坏印象的改变是很难的，犹如一张白纸，整张白纸的白不如上面一个墨点的黑给你留下的印象深。即使老板这一次原谅了你，但是老板以后就可能不再信任你，因为你的人格在他的心目中已经打了一个折扣。所以总有人觉得与成功无缘，总是怨天尤人，抱怨老板不识人才，只把一些零碎小事交给他们，不给他们施展才华的机会。其实真正的原因不是老板不把机会给他们，而是他们自己把机会拒之门外。在老板的心中，他以往的投机取巧已经被打上不踏实、不可靠、不能委以重任的印记。在一个公司中，如果再也没有机会从事重要业务，何以谈将来？何以谈前途？

这是不是说就可以在同事面前耍 "小聪明" 了呢？当然不是这样。

如果你要冒险这么干的话，结果还是一样：老板、同事，谁也不会信任你。

张阳是一家大公司的高级职员，平时工作积极主动，表现很好，待人也热情大方。但有一天，一个小小的动作却使他的形象在同事眼中一落千丈。那一次是在会议室里，当时好多人都等着开会，其中一位同事发现地板有些脏，便主动拖起地来。而张阳似乎有些身体不舒服，一直站在窗台边往楼下看。突然，他走过来，一定要拿过那位同事手中的拖把。本来差不多已拖完了，不再需要他的帮忙。可张阳却执意要求，那位同事只好把拖把给了他。刚过半分钟，总经理推门而入。他正拿着拖把勤勤恳恳、一丝不苟地拖着地。这一切似乎不言而喻了。从此，大家再看张阳时，顿觉他很虚伪，以前的良好形象被这一个小动作一扫而光。

事情如果到此为止也就罢了，可事实总不会这样完结的。在会议室的众多职员中，有一个刚好是总经理的亲戚。就像我们猜测的一样，张阳以后再也没有被重用过。

想一想这样下去是多么可怕的结果，被老板识破"小聪明"后，这些人就辞职，到另外一个公司，于是同样的戏剧又开始上演，只不过是换了一个地方，换了一个时间。许多年后，别人都已经创下自己的事业，打下一片江山，他们却只能想：我要去的下一个公司是哪里？也许最后觉得人生可悲，决定从头做起，可已经物是人非，多少机会已经失去！

马昆在学校里是一个很活跃的人，一直被朋友们十分看好。可是让朋友们吃惊的是，都毕业几年了，马昆还是经常跑人才市场。而让朋友们大跌眼镜的是上学时默默无闻的孙亮，此时已经成为一家日化用品公司在华北地区的市场总监。

这是怎么回事呢？让我们先看看他们这几年的工作经历。

离开学校后，马昆应聘做了一家宾馆的大堂经理。由于爱耍些"小聪明"，所以刚开始挺受重用。可过不多久，他的那些"西洋镜"都被一一拆穿，老板马上就将他"冷冻"起来。无奈之下，马昆只好卷铺盖走人。

之后，马昆又进了一家中德合资企业。德国人严谨实干的作风当然又是马昆不能"忍受"的。

新加坡人、日本人、美国人……这几年，马昆的老板都可以组成一个"地球村"了，可马昆却还是在职场游荡。

孙亮则不同。大学毕业后他就进了这家日化公司的销售部。之后，他勤奋工作，默默地积累工作经验。他对行业渠道的熟悉程度使上司很是赏识，对公司产品更是了然于胸。他的才干很快得到上司的肯定。当该公司华北地区市场总监的位子空缺后，公司总部就让他顶了上去。

他们的经历真像某位大学生所说的"毕业以后，我们发现了彼此的不同，水底的鱼浮到了水面，水面的鱼沉到了水底。"

如果你本身就有一定的才干，又加上你勤奋踏实，肯吃苦，不管大事小事，只要是自己的工作，你都是事无巨细，悉心尽力，力求完美，不断地为自己设定更高的目标，监督自己，激励自己，精益求精，那么只要你保持这种优良的品质，不管在什么岗位上，你都是杰出的。老板会在内心暗暗地赞许你，渐渐地把企业的核心业务交到你的手上，培养你，在一次次与重大业务的交锋中，你才能得以升华。老板最终自然会对你委以重任。而且你周围的同事因为你有满腹的才华，勤奋扎实，兼之老板赏识，自然会对你刮目相看，并因而喜欢你而愿意与你接近，给你力所能及的帮助。这样，在老板心目中你是可以被委以重任的人才，在同事的心目中你是有才华更是让人喜欢的人。

外国人说："贪睡的狐狸抓不到鸡"；中国人说："早起的鸟儿有虫吃"。这些其实都是告诫我们要勤奋踏实。所有的成功都是用汗水和血浸泡着的，每一个成功者都付出了不菲的汗水。

踏实是"以不变应万变"的良方，它能够把大量稍纵即逝的机会变成实实在在的成果。

踏实应该成为你人生的主旋律之一，踏实应该为你的过去、现在和将来的发展打下坚实的基础，踏实应该成为你的作风，"踏踏实实做事，老老实实做人"应该成为你的座右铭。

不要再让投机取巧的习惯左右你了，成功的人，都是脚踏实地的人。如果你不能做到认真对待工作，那么即便你学识再高，本领再大，也绝不会有出人头地的一天。

4. 不要挥霍你的时间

很多人都有浪费时间的习惯，他们没有认识到时间的价值，而等他们了解到时间的可贵时往往已经太晚了，因为时间虽然看起来很长，但一旦过去了就永远也找不回来。

从前，在非洲有一个大富翁，名叫时间。他拥有无数的各种家禽和牲口，他的土地无边无际，他的田里什么都种，他的大箱子里塞满了各种宝物，他的谷仓里装满了粮食。

这个富人拥有这么多的财产，连国外的人也知道了，于是，各国商人远道而来，随同的还有舞蹈家、歌手、演员。各国派遣使者来，只是为了要看一看这位富人，回国后就可以对百姓说，这个富人怎么生活，样子是怎样的。

富人把牛羊、衣服送给穷人，于是人们说世界上没有一个人比他更慷慨了，还说，没有看见过时间富人的人这辈子就等于白活了。

又过了很多年，有一个部落准备派出使者去向富人问好。临行前部落的人对使者说：

"你们到时间富人的国家去，要想法见到他，你们回来时，告诉我们，他是否像传说中的那么富有，那么慷慨。"

使者们走了好多天，才到达了富人居住的国家。在城郊遇到了一个憔悴的、衣衫褴褛的老头。

使者问："这里有没有一个时间富人？如果有，请您告诉我们，他住在哪里。"

老人忧郁地回答：

"有的。时间就住在这里，你进城去，人们会告诉你的。"

使者进了城，向市民们问了好，说："我们来看时间，他的声名也传到了我们部落，我们很想看看这位神奇的人，准备回去后告诉同胞。"

正当使者说这话的时候，一个老乞丐慢慢地走到他们面前。

这时有人说：

"他就是时间！就是你们要找的那个人。"

使者看了看衣衫褴褛的老乞丐，简直不相信自己的眼睛。

"难道这个人就是传说中的富人吗？"他们问道。

"是的，我就是时间，我现在变成不幸的人了。"老头说，"过去我是最富的人，现在是世界上最穷的人。"

使者点点头说：

"是啊，生活常常这样，但我们怎么对同族人说呢？"

老头想了想，答道：

"你们回到家里，见到同族人，对他们说：'记住，时间已不是过去的那个样子！'"

时间就像是海绵，要靠一点一点地挤；时间更像边角料，要学会合理利用，一点一滴地累计，才会得到较长的时间。

那时雅克大约只有 14 岁，年幼疏忽，对于拉尔·索及埃先生那天告诉他的一个真理，未加注意，但后来回想起来真是至理名言，尔后他就从中得到了不可限量的益处。

拉尔·索及埃是他的钢琴教师。有一天，给他教课的时候，忽然问他，每天要花多少时间练琴。他说大约三四个小时。

"你每次练习，时间都很长吗？"

"我想这样才好。"雅克答。

"不，不要这样。"他说，"你将来长大以后，每天不会有长时间空闲的。你可以养成习惯，一有空闲就几分钟几分钟地练习。比如在你上学以前，或在午饭以后，或在休息余暇，五分钟、十分钟地去练习。把练习时间分散在一天里面，如此弹钢琴就成了你日常生活的一部分了。"

当他在巴黎大学教书的时候，他想兼职从事创作。可是上课、看卷子、开会等事情把他白天晚上的时间完全占满了。差不多有两个年头他一字未写，他的借口是没有时间，这时，他才想起了拉尔·索及埃先生告诉他的话。

到了下一个星期，他就把他的话实验起来了。只要有五分钟的空闲时间，他就坐下来写一百字或短短几行。

出乎他意料之外，在那个星期的终了，他竟积有相当可观的稿子了。

后来他用同样的方法积少成多，创作长篇小说。他的授课工作虽然十分繁重，但是每天仍有许多可资利用的短短余闲。他同时还练习钢琴。他发现每天小小的间歇时间，足够他从事创作与弹琴两项工作。

利用短时间，其中有一个诀窍，你要把工作进行得迅速。那么事前思想上要有所准备，到了工作时间来临的时候，立即把心神集中在工作上。

拉尔·索及埃先生对于雅克一生有极其重大的影响。由于他，雅克发现了如果能毫不拖延地充分利用极短的时间，就能积少成多地供给你所需要的长时间。

有一首著名的诗是这样写的：

"他在月亮下睡觉，

他在太阳下取暖，

他总是说要去做什么，

但什么也没做就死了。"

这就像当我们自己还是一个孩子的时候我们对自己说，当我成为一个大人的时候，我会做这做那，我会很快乐；而当我们成为一个大人之后，我们又说，等我读完大学之后，我会做这做那，我会很快乐；当我们读完大学之后，我们又说，等我找到第一份工作的时候，我会做这做那，我会很快乐；当我们找到第一份工作之后，我们又会说，当我结婚的时候，我会做这做那，我会得到快乐；当我们结婚的时候，我们又会说，当孩子们从学校毕业的时候，我会做这做那，并得到快乐；当孩子们从学校里毕业的时候，我们又说，当我退休的时候，我会做这做那，并得到快乐。当我们退休的时候，真正步入了我们的晚年，我们看到了什么？我们看到生活已经从我们的眼前走过去了。

什么是时间？我们在哪里？对这个问题的回答是：时间是现在，我们在这里。让我们充分利用此时此刻。这句话的意思并不是说我们不需要未来的计划来计划未来，相反，这正意味着我们需要计划未来。如果我们最大限度地利用此时此刻，善用现在，那么我们就是在播种未来的种子，难道不是吗？

生活中最可悲的话语莫过于："它本来可以这样的"、"我本来应该"、"我本来能够"、"如果当时我……该多好啊"，生命是不能开玩笑的，从来就没有虚拟语气的说法。我们之所以会把问题搁置在一旁，最主要的原因就在于我们还没有学会对自己的人生负责任，没有学会珍视时间，这也是我们后来后悔的时候痛苦不堪的原因。

珍惜时间，合理利用时间的人才是会生活的人。时间一去不复返，浪费时间就是白白浪费生命。

5. 犹豫不决就会一事无成

生活中，做事习惯于犹豫不决的人并不少见，即使在一些生活琐事上他们也会犹豫再三，很难决定如何去做。但很少会有人把这个习惯重视起来，他们认为这只是小毛病而已，事实上，越是小毛病越不应忽视，比如不纠正犹豫不决的习惯，你就可能一事无成。

有一位作家说过，"世界上最可怜又最可恨的人，莫过于那些总是瞻前顾后、不知取舍的人，莫过于那些不敢承担风险、彷徨犹豫的人，莫过于那些无法忍受压力、优柔寡断的人，莫过于那些容易受他人影响、没有自己主见的人，莫过于那些拈轻怕重、不思进取的人，莫过于那些从未感受到自身伟大内在力量的人，他们总是背信弃义、左右摇摆，最终自己毁坏了自己的名声，最终一事无成。"

这是王安博士小时候的故事：一天在外面玩耍时，他发现了一个鸟巢被风从树上吹掉在地，从里面滚出了一只嗷嗷待哺的小麻雀。他决定把它带回家喂养。当他托着鸟巢走到家门口的时候，忽然想起妈妈不允许他在家里养小动物。于是，他轻轻地把小麻雀放在门口，急忙走进屋去请求妈妈。在他的哀求下，妈妈终于破例答应了。他兴奋地跑到门口，看见一只黑猫正在意犹未尽地舔着嘴巴，小麻雀却不见了。他为此伤心了很久。但从此他记住了一个教训：只要是自己认定的事情，就要排除万难，迅速行动。

许多人多半会有因为逃避某些困难的决定而感到懊丧，但是，这与无法做出一个简单决定的感觉是全然不同的。做不出决定的原因，大抵可以归纳成以下几点：

①抱持着多做多错，少做少错，不做不错的心态，因此，内心极为矛盾，最后，还是决定等到所谓的"适当"时机再说。

②坚信经过深思熟虑之后必有佳作，因此，总会习惯地去收集资讯，直到觉得有足够的资讯来做一个最佳的决定为止。可惜的是，知识多半来自于经验，而经验却往往禁不住考验。

③认为石头到后面会越挑越大，因此，尽管已经有了很好的想法，却不愿就此善罢甘休，一定还要再想出更好的方案出来才行。三心二意的结果，造成了决策的延误。

④必须在同一时间之内，完成多项决策，希望面面俱到的结果，反倒是连一个决定都做不出来，或者是极容易做出错误的决定。

如果我们是那种只要花五分钟，就可以做出是否要购车这一类重大的决定，但是却必须花上两个星期才能决定颜色的人，那么很显然的，我们做决定的优先顺序可能弄错了，因为，这可能太钻牛角尖了，以至于会花过多的时间在做较琐碎的决定上，而忽略了整个决定的真正本质。

因此，最好的解决方法，就是从下个月开始，将所有较不重要的决定，都以掷铜板的方式来决定即可，根本想都不要去想，就照掷铜板的结果去做就是了。但是，到底哪一些决定是所谓较小的决定呢？譬如凡是金额低于一千元，使用价值少于一年的决定，皆可归类为此。相信一个月之后，你自然就会对那些金额较大，费时较久的大决定养成较为深思熟虑的习惯，而不会再花太多的时间，去烦恼到底要看哪一部电影之类的问题。

如果在经过深思熟虑之后所做的决定，最后却发现不是最好的，甚至是错误的，那么，这对任何人而言，都可能是最难堪不过的了。但是，我们要知道，人生不是静止不变的，随时都有改变决定的权力。当然有些决定是不易再擅自更改的。因此，塞翁失马，焉知非福，谁说不是呢？虽然说做决定的时机很重要，但是，如果执意要等到最好的时机才做每一个决定的话，那我们将一个决定都做不出来！因为，根本没人会知道，什么时候才是真正最好的时机，结果，反而错失了时机而有所延误。要知道，不做决定有时候往往比错误的决定还要糟糕。爱迪生在发明灯泡的时候，就曾经历经超过一万次的尝试之后才成功；而每一次当他发现错误的时候，他就会马上调整步伐，改变方法，最后终于将电灯发明出来。

如果你瞻前顾后，如果你犹豫不决，如果你不能身体力行，如果你不知道自己该做什么，那么，属于你的只有永远的失败，你就永远不可能成为一名真正的领袖。因为这些根本就不是一个领袖的品质。

那些能够迅速做出决定的人从来都不怕犯错误。不管他犯过多少错误，与那些懦夫和犹豫不决的人相比较，他仍然是一个胜者。那些怕犯错误而裹足不前的人，那些害怕变化和风险而犹豫彷徨的人，那些站在小溪边，直到别人把他推下去才肯游泳的人，永远都无法到达胜利的彼岸，永远都无法摘取胜利的硕果。

既然去做了，那么你可能遭遇失败，但也可能获得成功，不过，如果一直犹豫不决，那么结果就只剩下了一个：一事无成。想成功、遇事就不能犹豫，犹豫的小毛病给你带来的可能是一生的失败。

第十三章 情绪控制：别让细节毁了成功的心态

　　情绪是一种十分微妙的东西，一些不良情绪往往具有强大的杀伤力，会给你的工作、生活带来不利的影响。因此我们一定要把握细节，掌控自己的情绪，这样我们才能催生希望和热忱，利用正面情绪培养健康、积极的心态。

1. 告别抑郁拥抱快乐

抑郁代表的是一种消极的意识和自我折磨的心态。有人认为抑郁只不过是由性格内向导致的，没有什么大不了的，殊不知这种不良情绪是严重制约人做大事的性格之一，我们应当用积极乐观的态度去面对生活，消除抑郁。

一些人的抑郁是由某一些生活事件，诸如失业、住房问题、贫穷或重大的财产损失造成的。另一些人的抑郁似乎与遗传有关。还有一些人，早期苦难的生活经历，使得他们具有抑郁的易感性。更有一些人其抑郁根源于家庭、人际关系或与社会隔绝等问题。当然，人们或许有其中一种或多种问题，因此毫不奇怪，我们对付抑郁，需要各种治疗方法和手段，对一个人有效的方法或许对另一个人无效。

下面几种方法，你不妨尝试一下：

（1）日常生活要合理安排

抑郁的人对日常必须的活动会感到力不从心，因此我们应对这些活动进行合理安排，以使它们能一件一件地完成。以卧床为例，如果躺在床上能使我们感觉好些，躺着无疑是一件好事。但对抑郁的人来说，事情往往并非这么简单。他们躺在床上，并不是为了休息或恢复体力，而是一种逃避的方式，渐渐地他们会为这种逃避而感到内疚、自责。因此，最重要的是，努力从床上爬起来，按计划每天做一件积极的事情。

有时，一些抑郁者常常带着这样的念头强制自己起床，"起来，你应该努力了，你怎么能光躺在这呢？"其实，与之相反的策略也许会有帮助，那就是学会享受床上的时光。一周至少一次，你可以躺在床上看报纸，听收音机，并暗示自己：这多么令人愉快。你应当学会，在告诉自己起床干事情的时候，不再简单地"强迫自己起床"，而是鼓励自己起床。因为躺在那儿想自己所面临的困难，会使自己感觉更糟糕。

（2）有步骤地对抗抑郁

对抗抑郁的方式之一，就是有步骤地制定计划。尽管有些麻烦，但请记住，你正训练自己换一种方式思维。如果你的腿断了，你将会思考如何逐渐地给伤腿加力，直至完全康复？有步骤地对抗抑郁也必须是这样的。

现在，尽管令人厌倦的事情没有减少，但我们可以计划做一些积极的活动，即那些能给你带来快乐的活动。例如，如果你愿意，你可以坐在花园里看书、外出访友或散步。有时抑郁的人不善于在生活中安排这些活动，他们把全部的时间都用在痛苦的挣扎中，一想到房间还没打扫就跑出来，便会感到内疚。其实，我们需要积极的活动，否则，就会像不断支取银行的存款却不储蓄一样。快乐相当于你银行里的存款，哪怕你所从事的活动，只能给你带来一丝丝的快乐，你都要告诉自己：我的存款又增加了。

抑郁病人的生活是机械而枯燥的。有时，这似乎是不可避免的。解决问题的关键，仍然是对厌倦进行诊断，然后逐步战胜它。

抑郁个体常感到与人隔绝、孤独、闭塞，这是社会与环境造成的。情绪低落是对枯燥乏味、缺乏刺激的生活的自然反应。

（3）往好的一面去想

许多抑郁症患者是真正的战士，很少有抑郁的人能意识到自己的极限。有时，这与完美主义密切相关。专家喜欢用"燃尽"一词描述那些处于被挖空状态的个体。对一些人而言，"燃尽"是抑郁的导火索。无论是待在家里，还是忙于应付各种工作任务，你一定要记住：你与其他人一样，所能做的工作是有限的。

克里斯·托蒂便是一个战胜抑郁症的真正的战士。克里斯住在西雅图。他说道："我从退役后不久，便开始做生意，我日夜辛勤工作，买卖做得很顺利。不久麻烦来了，我找不到某些材料和零件，眼看生意要做不下去了，因为忧虑过度，我由一个正常人变成愤世嫉俗者。我变得暴躁易怒，而且——虽然那时并没有觉察到——几乎毁了原本快快乐乐的家庭。一天，一位年轻残废的退役军人告诉我：'克里斯，你实在该感到惭愧，你这种模样好像是世界上惟一遭到麻烦的人。纵使你得关门一阵子，又怎么样呢？等事情恢复正常后再重新开始不就得了？你拥有许多值得感恩的东西，却只是咆哮生活而已。老天，我还希望能有你的好状况呢！看看我，只有一只手，半边脸几乎被炮弹打掉，我却没抱怨什么。如果你再不停止吼叫和发牢骚，不只会丢掉生意，还有健康、家庭和所有的朋友！'"

"这些话对我真是当头一棒。我终于体会到自己是何等富有。于是我改变了态度，回到了从前的自我。"

克里斯的朋友安妮·雪德丝在还没有懂得"为所有而喜，不为所无而忧"的道理前，正面临一场不幸。她那时住在亚利桑那州，下面是她讲述的遭遇：

"我的生活一向忙乱——在亚利桑那大学学钢琴，在镇上主持一家语言障碍诊所，同时还指导一个音乐欣赏班。我就住在绿柳农场里，我们在那里可以聚会、跳舞，在星光下骑马。可是，有天早上我因心脏病而倒下了。'你得躺在床上一年，要绝对地静养。'医师并没有保证说我还会不会像以前一样健壮。

在床上躺一年，意味着我将要成为一个无用的人——或许我会死掉！我感到毛骨悚然。为什么这种事会发生在我身上？我做了什么竟会遭到这种惩罚？我又悲痛又感到忿恨不平，却还是照着医师的嘱咐躺在床上。邻居克拉拉先生是个行为艺术家，他告诉我：'你以为在床上躺一年是不幸?! 其实不然。现在，你有了时间去思考，去认识自己，心灵上的增长将大大多于以往。'我平静下来，读些励志书籍，试着找出新的价值观。一天，收音机传出评论员的声音：'惟有心中想什么，才能做什么'。这种论调我以前不知听过多少次，这次却是深深打进心坎里。我改变了主意，开始只注意自己需要的东西：欢乐、幸福、健康。我强迫自己每天一醒来就为拥有的一切赞美感谢：没有痛苦、可爱的女儿、健康的视力听力、收音机里优美的音乐、有阅读的时候、丰富的食物、好朋友等。当医师准许我在特定时间内可以让亲友来访时，我是多么高兴啊！

好几年过去了，现在，我的日子过得充实而有活力，这实在应该感谢躺在床上的一年。那是我在亚利桑那最有价值、最快乐的一年，因为我养成了每天清晨感谢赞美的习惯。惭愧的是，由于害怕死亡，才使我真正学习到如何过真正的生活。"

（4）不要太过自责

抑郁的时候，我们感到自己对消极事件负有极大的责任，因此，我们开始自责。这种现象的原因是复杂的，有时，自我责备是从家庭中习得的，在我们小时候当家里出现问题时，受到责备的常常是我们。因此，即使是受虐待的儿童都学会了责备自己——这当然是荒唐可笑的。遗憾的是，善于责备他人的成年人，常挑选那些最无辩驳能力的人做他们的责备对象。

阿格尼丝是一个很爱自责的人，她的妈妈常常责备她给自己的生活造成了痛苦，久而久之，阿格尼丝就接受了这种责备。每当亲密的人遇到困难时，她就开始责备自己。然而，当阿格尼丝寻找证据时，她发现，造成她妈妈生活不幸的原因很多，包括婚姻问题、经济拮据等。但阿格尼丝小时候无法认识到这么深刻，只能相信妈妈告诉她的话。

抑郁者的自责是彻头彻尾的。当不幸事件发生或冲突产生时，他们会认为这全是他们自己的错。这种现象被称做"过分自我责备"，是指当我们没有过错，或仅有一点过错时，我们出现承担全部责任的倾向。然而，生活事件是各种情境的组合体。当我们抑郁的时候，跳出圈外，找出造成某一事件的所有可能的原因，会对我们有较大的帮助。我们应当学会考虑其他可能的解释，而不是仅仅责怪自己。

有时候改变生活方式也可以帮你摆脱抑郁，当你感觉情绪不佳时，就要努力调整自己，最大程度地吸收新东西，你会发现自己的情绪也随之飞扬起来。

2. 用微笑打败忧虑

细微的情绪带来的危害是远远超过我们所能预料的，比如你毫不在意的忧虑情绪就可能损害你的自信心，并让别人远离你。幸好这种情绪并不是不可战胜的，一个灿烂的微笑就可以告别忧虑。

微笑来自快乐，它带来快乐也创造快乐。美国有一句名言："乐观是恐惧的杀手，而一个微笑能穿过最厚的皮肤。"形象地说明了微笑的力量不可抵挡。

美国有这样一则笑话：几位医生纷纷夸耀自己的医术高明。一位医生说他给跛子接上了假肢，使他成为一名足球运动员；另一位医生说他给聋子安上了合适的助听器，使他成为一名音乐家；而美容大夫说，他给傻子添上了笑容，结果那位傻子成了一名国会议员。

这则笑话虽有些夸张，却也能从侧面说明微笑的魅力。生活中如果失去了乐观的气氛，就会如同荒漠一样单调无味。一个微笑不费分毫，如果你能始终慷慨地向他人行销你的微笑，那你的获得将不仅仅是回报的一个微笑，你将获得长期的客户关系，你将获得丰厚的报酬，你将获得事业的成功。

人不应把全盘的生命计划、重要的生命问题，都去同感情商量。无论你周遭的事情是怎样的不顺利，你都应努力去支配你的环境，把你自己从不幸中挣脱出来。你应背向黑暗、面对光明，阴影自会留在你的后面。

把忧虑快速地驱逐出心境，是医治忧虑的良方。但多数人的缺点就是不肯开放心扉，让愉快、希望、乐观的阳光照耀，相反却紧闭心扉想以内在的能力驱走黑暗。他们不知道外面射入的一缕阳光会立刻消除黑暗，驱除出那些只能在黑暗中生存的心魔！

你要想获得别人的喜欢，就要真正地微笑。真正的微笑，是一种令人心情温暖的微笑，一种发自内心的微笑，这种微笑才能帮你赢得众人的喜欢。你见到别人的时候，一定要很愉快，如果你也期望他们很愉快地见到你的话。

兰登是阿肯色州一家电器公司的销售员，结婚已经8年了，他每天早上起床之后便草草地吃过早餐，冷漠地与妻子孩子打声招呼后就匆匆上班了。

他很少对太太和孩子微笑，或对她们说上几句话。他是工作群体中最闷闷不乐的人。

后来，兰登的一个好朋友乔尼告诉他，如果他再那样下去，周围的人都会疏远他。兰登也意识到了这一点，于是，决定试着去微笑。

兰登在早上梳头的时候，看着镜子中满面愁容的自己，对自己说："兰登，你今天要把脸上的愁容一扫而光，你要微笑起来，你现在就开始微笑！"当兰登下楼坐下来吃早餐的时候，他以"早安，亲爱的"跟太太招呼，同时对她微笑。

兰登太太被搞糊涂了，她惊愕不已。从此以后，兰登每天早晨都这样做，已经有两个月了。这种做法在这两个月中改变了兰登，也改变了兰登全家的生活氛围，使他们都觉得比以前幸福多了。

"现在，我去上班的时候，就会对大楼的电梯管理员微笑着说一声'早安'。我微笑着向大楼门口的警卫打招呼。当我跟地铁收银小姐换零钱的时候，我对她微笑。当我在客户公司时，我对那些以前从没见过我微笑的人微笑。"兰登说，而且"我很快发现，每一个人也对我报以微笑。我以一种愉悦的态度，来对待那些满腹牢骚的人。我一面听着他们的牢骚，一面微笑着，于是问题就更容易解决了。我发现微笑带给我更多的收入。"

微笑源自快乐也能创造快乐，成功者从不会吝惜自己的微笑。

当你感觉到忧虑、失望时，你要努力改变环境。无论遭遇怎样，不要反复想到你的不幸，不要多想目前使你痛苦的事情。要想那些最愉快最欣喜的事情，要以最宽厚、亲切的心情对待人，要说那些最和蔼、最有趣的话，要以最大的努力来放出快乐，要喜欢你周围的人！这样你就能逃离忧虑的阴影，感受快乐的阳光。

3. 放弃自卑才能成就自我

自卑是无形的敌人，我们总是忽略了它的存在，但它却无时无刻不在窥视着，伺机攻击我们。因此我们必须重视这种不良情绪，并设法战胜它，这样我们才能成就自我。

有句话说："天下无人不自卑。无论圣人贤士，富豪王者，抑或贫民寒士，贩夫走卒，在孩提时代的潜意识里，都是充满自卑感的。"但你若想成大事，就必须战胜自卑感。

产生自卑有两种原因，一是孩提时代，都有自己是"弱小"的感受；二是社会对人和事有一种过于完美的追求倾向，使很多人都有一种自愧不如的自卑感觉。还有一些实际产生自卑的原因，如从小家境不好，教育不当，或是受压抑，身心不畅，或是受蒙昧，身心未得到开发，很少有条件和机会培养自信心，以致后来在人生道路上遭受挫折和失败的打击过多，感到自我的渺小和无奈，因而怀疑自己的力量，产生自卑感。

如果任由自卑情绪控制了自己，那么一生都将一事无成。如果你发愤图强，不甘沉沦，那么就可以超越自卑，走向新生。

自卑作为一种消极的心理状态，人人都或多或少有些。轻微的自卑心理很容易超越，它可以很容易地升华为人的一种良好品格：谦虚谨慎，不骄不躁，从而转化为一种进取的动力。

从自卑中超越走向成功的例子，在世界知名人物中比比皆是：法国伟大的启蒙思想家、文学家卢梭，曾为自己出身孤儿，从小流落街头而自卑。存在主义大师、作家萨特，两岁失父，右眼斜视，失去亲情与身体的残疾使他产生极重的自卑。法国第一帝国皇帝、政治家、军事家拿破仑年轻时曾为自己的矮小和家庭贫困而自卑。美国英雄总统林肯出身农家，9岁失母，只受一年学校教育就下田劳动，林肯曾深深为自己的身世而自卑。日本著名企业家松下幸之助，4岁家败，9岁辍学谋生，11岁亡父，自卑一直是他奋进的动力。

获诺贝尔化学奖的法国科学家维克多·格林尼亚却是从另一种自卑走向成功的。格林尼亚出生于一个百万富翁之家，从小过着优裕的生活，养成了游手好闲，摆阔逞强，盛气凌人的浪荡公子恶习。仗着自己长相英俊，挥金如土，可以任意地玩弄女人。一直春风得意的格林尼亚遭到一次重大打击。一次午宴上，他对一位从巴黎来的美貌女伯爵一见倾心，像见了其他漂亮女人一样追上前去。此时，他只听到一句冷冰冰的话："……请站远一点，我最讨厌被花花公子挡住视线！"女伯爵的冷漠和讥讽，第一次使他在众人面前羞愧难当。突然间，他发现自己是那样渺小，那样被人厌弃，一种油然而生的自卑感使他感到无地自容。

他满含耻辱地离开了家庭，只身一人来到里昂，在那里他隐姓埋名，发愤求学，进入里昂大学插班就读，并断绝一切社交活动，整天泡在图书馆和实验室里。这样的钻研精神赢得了有机化学权威菲利普·巴尔教授的器重。在名师的指点和他自己长期努力下，他发明了"格式试剂"，发表了二百多篇学术论文，被瑞典皇家科学院授予1912年度诺贝尔化学奖。受自卑心理折磨的朋友，请你好好想想上面这些杰出人物的例子。诸如此类的例子还很多，自卑如能被超越，便成了我们成功的本钱。

只要改变心态，将自卑变为发奋的动力，就能走向成功和卓越。

自卑并非是不可克服的，一些简单的方法就可以帮你战胜自卑：

①正确认识自卑感的利与弊，提高克服自卑感的自信心。有的人把自卑心理看作是一种有弊无利的不治之症，因而感到悲观绝望，自暴自弃。这是一种不正确的认识，它不仅不利于自卑者的前途，反而会加重自卑心理。其实，比起狂妄自大的人，自卑者更加讨人喜欢。因为，自卑的人都很谦虚，善于体谅人，不会与人争名夺利，安分随和，善于思考，做事小心谨慎，稳妥细致，重感情，重友谊。自卑者应当充分利用这一有利位置，增加生活勇气和信心。还应认识到，你若克服了心理上的这种障碍，将更有前途。

②正确地评价自己。不仅要看到自己的短处，也要客观地看到自己的长处；既要看到自己的不如人之处，也要看到自己的过人之处。俗话说："比上不足，比下有余"嘛。谁都有缺点和不足，只要能够想方设法克服缺点和不足就行。这样就会增强自信心，减轻心理压力，扔掉包袱轻装前进。

③正确地表现自己。有自卑感的人不妨多做一些力所能及、把握较大的事情，并竭尽全力争取成功。成功后，及时鼓励自己："别人能做到的事，我也做到了！"当面对某种情况感到信心不足时，可以用"豁出去"的自我暗示来放松心理压力，反倒能够充分发挥自己的潜力，获得成功。

④正确地补偿自己。为了克服自卑感，可采取两种积极的补偿途径：一是以勤补拙。知道自己在某些方面赶不上别人，就不要再背思想包袱，而应以最大的决心和顽强的毅力，勤奋努力，多下功夫，下苦功夫。二是扬长避短。有些残疾人虽然生理上缺陷很大，又失去了自由活动和交际的空间，似乎发展的空间极为有限。但有志者事竟成，高位瘫

痪的张海迪的成功之路就是一个明显的例证。她身残志不残，酷爱音乐、医学，文学，以十倍于常人的毅力在几方面都有所建树。

⑤要正确对待挫折。遭受挫折和打击，这是人人难免的。但人的承受能力不同。性格外向的人过后就忘，内向的人容易陷入其中。那么就应当注意，凡事不要期望过高，要善于自我满足，知足常乐。无论学习或工作，目标不要定得太死太高，不然就容易受挫。

其实，克服自卑情绪的最佳方法就是建立自信。

自卑是自信的晴雨表，当你树立了自信之后，自卑也就自然而然地烟消云散了。

你若想在自己内心建立起自信心，就应像清扫街道一般，首先将相当于街道上最阴湿之角落的自卑感清除干净，然后再种植信心，并加以巩固。

在树立信心的道路上，首先，你应观察自己的自卑感相当于前面所提到的哪一种，找到相应之处，便应马上溯其根源。你发现原来自己的自我主义、胆怯心、忧虑及自认比不上他人的感觉小时候就已存在，而自己和家人、同学、朋友之间的磨擦即为这些否定感觉充塞敏感之心所导致。

若对此能有所了解，则你就等于踏出了克服自卑感的第一步。为了证明你不再是孩子，你若能将小时候不愉快的记忆从内心消除，即表示你又向前迈进了一步。

成长需要过程，在扫除自卑障碍的同时，你不妨将自己的兴趣、嗜好、才能、专长全部列在纸上，这样你就可以清楚地看到自己所拥有的东西。另外，你也可以将做过的事制成一览表。譬如，你会写文章，记下来；你善于谈判，记下来；另外，你会打字、你会弹奏几种乐器、你会修理机器等种种，你都可以记下来。知道自己会做哪些事，再去和同年龄其他人的经验做比较，你便能了解自己的能力程度。

世界是多彩的，生活面临着一个又一个挑战。你愿意在家当懦夫，还是希望出去闯呢？当然你希望自己能出去闯，有计划地闯！想想看，当做好一件工作时，你便能获得进一步的信心；而有了信心，又可为你带来物质上的报酬，使你获得别人的赞美，进而得到心理上的满足。这些连续美好的反应，难道不值得你去闯吗？此外，这些反应也成为你走向成功的推进器，使你站得更高、看得更远，彻底发挥所长，并获得自己想要的事物。

总而言之，方法应尽量与众不同，最主要的是要能充分表现自己。这样你对自己的信心越来越强，你也就会以崭新的态度去面对生活。

一切消极的思想，再加上重复的回忆，就能发展成心理畸形，并且为自信心的丧失和严重的心理问题埋下隐患。

不管心理障碍大小，我们总有灵验无比的"药方"来对待它，这个"药方"便是停止消极思想，多回忆一些积极的事情。

要塑造全新的自我，便要拒绝从你的"心理银行"中提取不愉快的思想。当你在回想任何情形时，集中精力想好的方面，忘却不愉快的事。如果发现你在想某些不好的事情，要赶快全面转移你的思想。

总会有一些重大而又令人振奋的事情的。你的大脑渴望摆脱恶梦。如果你愿意振作，你的令人不愉快的记忆将渐渐枯萎，最终你"记忆银行"的"出纳"会把它们删除。

一位著名的广告心理学家在谈及我们的记忆能力时说："当被引出的是一种愉快的感觉时，广告就容易被人记住；相反，当一种广告带来不愉快的感觉时，它就有可能被很快忘记。不愉快与人们的希望相对抗，我们不要记住它。"

让自己怀有一种感觉，认为自己"目前"一点问题也没有，也假设自己一直怀有这种感觉，在这种感觉下，你认为自己会做什么，就开怀去做吧，因为只有朝着光明的一面前进，才可能得到快乐、坚强和成就。如果你认为自己很有价值，并将这种想法付诸行动的话，你一定会对自己更具信心。

你应该给自己更多的信心，如果你正被自卑情绪所困扰着，那么就不妨把自己的才能、专长列出来，大声提醒自己："我没那么糟!"渐渐地你就会变得越来越自信。

4. 别让情绪始终处于低潮

每个人都有情绪陷入低潮的时候，这时我们便会表现出懊丧。很多人觉得这没什么大不了，过几天就好了；但很多时候，大问题正出在小毛病上，如果我们不及时调整自己的心态，懊丧情绪就会控制我们，让我们变得悲观，甚至丧失自信。

懊丧是人自觉言行不满而产生的一种不安情绪。它是一种心理上的自我指责、自我的不安全感和对未来害怕等几种心理活动的混合物。

不要怀疑，容易懊丧的人是与世无争的好人。他们心地善良，洁身自好，习惯在处事中忍让、退缩、息事宁人，常常是生活中的弱者，生性胆小、怯懦。他们不仅常对自己的言行不检"负责"，甚至对别人的过错也"负责"。明明是别人瞪了自己一眼，他也会立即觉得自己肯定做了不好的事才惹得对方生气。

极端懊丧的人常用反常性的方法保护自己。越是怕出错，越是将眼睛盯在过错上。一句话会后悔半天，人家并未介意的事他也神精过敏。他对人际冲突极为恐惧，解决人际冲突的办法也很奇怪。自己的孩子被人家打了，他还跟着打自己的孩子，因为孩子给自己惹事生非。

与别人发生冲突，在对方恃强要挟之下，他会当众打自己耳光，以求宽恕。同时用这种办法来平衡自己的苦闷，"因为我该打，打了自己才心安理得"。

平常的人也有懊丧情绪。表现在事情发生后的自我检查，总结不足，找出不足的原因，从而在以后的行动中做积极的调整。就这一点来说，人人都会有懊丧，它是人类进步的校正器。但极端的懊丧却是心理不健康的表现，必须进行适当调适。

人们经常不自觉地用一种刀子来刻画自己的形象，"因为我是忠厚无能的人，所以我能忍气吞声，宁愿伤害自己也不指责对方"。这种形象一旦刻画成功，品尝"后悔"的苦酒就成为一种自我安慰的享受。习惯成自然，一事过后，不是寻求胜利的喜悦，而是寻觅不幸与失误。

小员工在总裁后面打了一个喷嚏，总裁若怪罪他，只说明他人格卑劣，难道他自己一辈子就没当人面打过喷嚏吗？

开朗自信的人把眼光盯在未来的希望上，把烦恼抛在脑后。只要让更具有意义的事占据你的脑际，你的心就会亮堂一点。

有的人害怕行为失误给自己带来危险，其实真正危险的不是危险本身。害怕危险的心理，比危险本身还要可怕一万倍。

运动场上的胜利者，常常面带笑容，这就是因为他这时陶醉在优越感里。当我们观赏滑稽故事或相声时，也都会被引得哈哈大笑起来。

如果你能积极利用这种笑的效果，则可医治因失败而产生的悲观和心理的紧张，甚至可将绝望感吹得无影无踪。怪不得有许多人在快快不乐时，就会跑到游乐场所去调剂一下情绪。同样地，如果在忧郁的时候，读一读身旁的漫画，或幽默小说，心情也立刻会开朗起来，甚至干劲十足。换句话说，利用外界的刺激，来引发自己大笑，便会使自己恢复优越感或自信心。

无论如何，你都不能忽视了懊丧情绪的危害，情绪陷入低潮时就要及时调整，不断地增强自己的自信，这样你才会有积极的人生态度，你才会活得开朗开心。

第十四章　婚恋家庭：
别让细节毁了珍贵的情感

　　人与人之间的感情是非常微妙的，也许你一个不经意的举动就能给对方留下深刻印象，成就一段美好的姻缘；也许因为你的一句漫不经心的话，就可能引起一场矛盾纠纷，毁了和睦的家庭生活。情感无小事，只有关注细节的人，才能牢牢把握住真情。

1. 从细节上制造浪漫

女人的感情是细腻而敏锐的，她们渴望在小事上感受到爱人的体贴和浪漫，因此如果你是一个粗枝大叶的男人就应该小心了，只有善于在细微处制造浪漫的男人才能更快地俘获芳心。

有两个小细节是你绝不能忽略的，否则就一定会引起爱人的不快，甚至会因此失去一段美好的感情。

（1）节日

女人重视节日，大家都有目共睹。特别是对待自己的生日，她们更是关心备至。所以聪明的你可不要忘了这"天下第一等大事"哦。

在自己的生日那天，收到了男士送来的礼物，她们会特别的开心，觉得自己受呵护，受关心，是举足轻重的，感到自己是世界上最幸福的人。当然，这样说有些夸张，但能得到女人的欢心是绝对可以肯定的。她们会很在意你记不记得她的生日，在她生日里你是否送过她礼物，又是否为她做了特别有意义的事情。

有一本书上这么写过："女人可以原谅你在平常的日子里对她关心不够，但绝不能容忍你忘记了她的生日，在她的生日对她不够好。""你在一年三百六十五天里，有三百六十四天对她足够的好，还不如在她的生日那一天对她好。"这话充分地体现了女性对生日是极为看重的。因此，要取悦于一个女人，不要忘记在生日那一天送一句祝福或寄一份贺卡。

女人爱幻想，喜欢幻想。她能容忍一个男人（男朋友）的所有缺点，但不能容忍他的不浪漫。特别是在生日那一天，她总希望能收到一个意外的惊喜，发生那种浪漫的情节。她们往往视生日为浪漫故事发生

212

的纽带，重视生日那天发生的所有的事，如遇到过什么人，说过什么话，做过什么，收到过多少礼物，听到了多少祝福，哪种礼物或祝福使自己最为感动等等。所以，只要你能在生日那一天为她安排好一切，让她度过一个开心的生日，她定会回报你无穷的爱。安排一场精心的生日Party，送几份意外的礼物，献上一打红玫瑰，或千里迢迢从远方赶来为她庆祝生日，把她带到海边看落日，在众人面前公开表示爱她……这些方法都能使她感动万分。

在这里，我们不用举详细的例子，因为自己的女朋友自己最清楚，根据她的性情、爱好，找到你自己觉得能够让她感动不已的庆祝方法那就足够了。

还有，不要以为你已结婚了就不必大费周折地去庆贺太太的生日，这是大多数男人经常忽略的一件事情。已婚的女人也非常重视自己的生日，她会以生日中你的表现看看你对她的爱是否减退。所以，不管平日里工作有多繁忙，在太太的生日那一天一定不能忘记给太太一份祝福。

聪明的丈夫一定不会忽视太太的生日，会一如既往地为之庆贺。送她一束玫瑰，表示自己对她仍关心备至，这可给家庭平添一道浪漫的色彩，或准备一次温馨的烛光晚餐讲述当年的美好时光，又或者与孩子一起做一桌丰盛的宴席赞美她对于家庭的付出，这都会使太太更加爱你。你要向她表示，你的工作有多么忙，但你还会抽时间为她庆祝生日，这就能证明你对她的爱很深，而且十分感激她对你的照顾及对这个家庭的照顾，你会为她继续努力，你所做的一切都是为了给她更多的幸福。这时，妻子就会心满意足，觉得没有嫁错人，对你更是关怀有加，使这个家庭更加美满和谐。

她的生日是你大献殷勤的好时机，可要时刻记住这个特殊的日子哦，这可事关你的幸福大业。

第十四章 婚恋家庭：
别让细节毁了珍贵的情感

（2）约会气氛

几乎所有的恋人在约会时，都期望创造出一种罗曼蒂克式的气氛。但令人惋惜的是，大多数的男人在这方面都还没有达到及格的标准！

在此，我们应首先谈谈罗曼蒂克式的行为、地点及事物，其中都必须含有"意外惊喜"的成分。在没有值得特别庆祝的时刻，送她一朵玫瑰花就很罗曼蒂克。如果你每个星期都送她一朵玫瑰花，送上几个月，就失去了罗曼蒂克的价值。恐怕有许多男人就是因为这样而失败的，他们成了习惯性的动物。

当任何事情，一旦成了例行公事，罗曼蒂克的成分自然也就荡然无存了，你绝不应该这样。可是，你知道有多少人还执迷不悟地被困在那呆板的约会上吗？你应该知道：如果总在一家餐馆吃晚饭，或单一的一顿晚餐或一场电影，她可能并不讨厌那家餐厅的口味，她也可能会愣愣地坐在那儿看电影，但总有一天，这无聊的重复的戏剧表演会宣告闭幕，她也会离你远去。

浪漫的情调，能渗入到任何一件你们所做的事情里。让我们丢掉以前那些过时的约会方式吧！谁还会要听那"某绅士邀请某淑女共赴舞会"之类的老掉牙的玩艺儿呢？我们所需要的是寻求一套崭新的技巧和方法！

"约会"，并不仅仅是"一起到某个地方去"。它必须有某些"可行"与"不可行"的界限。当你晚上觉得电视节目太乏味，而终于决定带她出去走走，那实在不叫约会。或者说："嘿！你看看报纸今晚有什么好片子上映吗？"这也不算是约会。女人希望一切由男人做主安排，征求她的意见，然后带她出去。如果你想依赖她来决定去哪里的话，那你们会磨磨蹭蹭，白白浪费一些时间。如果一定要由她要求你带她出去的话，你们将会丧失很多浪漫的情调。她希望自己成为你的特殊客人，换句话说，也就是你的女人，你愿意将一天或这一晚上的时间都献给她。当然，出其不意也不错，可是那种精心策划、巧妙安排的"出其不意"，有时反会弄巧成拙。比方说，你和她正漫不经心地散步到了某音乐厅前，节目正要开始了，你忽然建议进去看看那入场券早在两星期前就抢购一空的音乐会，而你口袋中恰有两张票。之后，你又有意无意地带她去一家十分高级的、并可以欣赏夜景的餐厅，门口排着很多人在等位子。天啦，你竟然预先订好了桌位。但是像这种约会不仅没有一点使人陶醉的气氛，反而会使人有不自在、不自然和受拘束之感。而且明明白白是你预先就安排好的"旧把戏"，一点也不新鲜，反而厌腻。

女人需要与自己的男人约会，是因为希望自己成为他的女人。一个约会代表着一个男人和一个女人，而非一群人。那种4人两对式的约会，只适用于大学生假期里的郊游，或者家庭主妇的花园俱乐部，而不适用于一对浪漫的情侣。如果每当你带她出去的时候，她总喜欢拉个伴的话，这很可能是因为你常忽视她的存在，未能使她有一种"她只想和你在一起"的动机和愿望，所以，她怕受你的冷遇，才有意这样做的。

有关约会，还有一件值得注意的事，那就是大多数的男性对约会的花费过于重视。他们认为一次成功的约会，足以使自己经济出现赤字。但事实却不尽然。也许你在一百个女孩子中也很难找到一个女孩以男人花钱多少来衡量每次约会的价值。也就是说，假如你认识的这个女孩，专以看你每次的约会中摆阔气、胡乱花钱为乐的话，那你大可以与她一刀两断，因为这样的女人太俗气，不值得去爱。

当然，如果你的兜里确实不怎么充裕，要想和女孩子约会，那你则必须选择一个"曲径通幽"之处，到那茂林修竹之地，畅叙幽情，创造罗曼蒂克奇迹，这样就可以尽情享受精神上的乐趣，去弥补物质享受的不足。通常，对于恋爱中的男女来说，精神上的满足比物质上的满足更为重要。避开众多人群，到那风景如画的地方去欣赏大自然的风貌，别有情趣，而且花钱也少，百去不厌，何乐而不为？

以女孩来讲，约会可以是一次简单的午夜散步，甚至你们可以借着月光，在河边谈谈心。当然，白天还可去郊外钓鱼，此时此刻也许谁也不会注意浮标动了没有。如此充满欢笑的日子，是多么令人陶醉啊！事后你可以对她说："我们去过哪里并不重要，惟有和你在一起，才是值得回味的。"这样女孩一定会被你深深感动，全心投入与你的感情。

你所认为的小事很可能就是女人心中的"大事"，所以在细微之处表现得更体贴，更浪漫一点吧！你的细心换来的将会是女人的倾心。

2. 女人要聪明但不要太精明

一些女人之所以会失去辛苦得来的爱情，往往就是因为她们犯了一个小错误：在爱情面前表现得太精明。女人的聪明可以帮她得到爱情，但精明却会让她失去爱情。

聪明的女人是高明的爱情专家，她们从打算做新娘的那一天开始，就准备用毕生的努力去维持、更新自己的爱情。她们能够恰到好处地掌握喜怒哀乐的情绪发挥，知道适时地在家庭生活中加入酸甜苦辣的调味品，让爱情愈陈愈香。

聪明的女人知道爱情虽然温馨浪漫，日子却琐碎而平凡，两个在不同环境下长大、有着不同经历和不同个性的人走到一起，必然会有一个相互了解和相互适应的过程，万万不可逆丈夫的本性而强迫他成功成名，她们不会为了自己的虚荣而禁锢自己和爱人。

聪明的女人知道如何提高家庭生活质量，她们不会整天趿拉着鞋、蓬头垢面地面对丈夫，也不会只知道忙忙碌碌洗衣做饭带孩子，而扔给丈夫一副倦怠的面容、一双冷漠的眼睛和一副粗俗的嗓门。她们知道丢失了自己也就丢失了婚姻，所以她们很注意提高素质，知道应该与时代一同前进。

无论在聪明女人的眼里还是心中，男人都是个正在成长的孩子，他们需要温情、需要爱抚。女人结婚了还有丈夫的臂弯可以依靠，而男人则必须赤裸裸地面对所有的压力和伤害，所以聪明的女人总是把家营造成一个温馨的小巢，带给丈夫以妻子的娇柔和母亲的宽容。

聪明的女人在围城之外的人看来有些傻，她们从不在丈夫面前咄咄逼人，她们不会凡事都替丈夫指方向、拿主意，在她们看来爱丈夫最好的方式是引导他，而不是干涉他，当然她们更不会处处算计丈夫兜里的钞票。

有些女人很精明，但却不聪明，她们在家庭里什么都要看守，什么都不想放弃，她们看不惯丈夫的窝囊和猥琐，所以就恨铁不成钢地为丈夫树立起远大的目标，然后拿着鞭子驱赶着丈夫在通向"美好明天"的路上艰难地跋涉，最后筋疲力尽的丈夫望着遥不可及的前方，感到活得那么累，那么没有尊严，于是不想再委曲求全了，他们决定和精明的女人劳燕分飞，精明的女人这时才发现精明反被精明误。

精明的女人大多不聪明，她们一旦"阔"起来后，就对男人横挑毛病竖挑刺，让男人感受到了沉重的压力，他们不由得寻求起自由轻松的好去处来了：或者在外面呼朋引伴，海阔天空，胡吃海喝，到了半夜三更也不愿回家；或者干脆在外面租屋藏娇，享受婚外情人的温柔……而且他们对此毫无愧疚之感，他们说："谁让你逼人太甚了呢！"

王瑞和李敏是中学同学，两个人在高中三年的朝夕相处中萌发了朦胧的爱恋情怀。后来王瑞考上了大学，而李敏却名落孙山，但是这一落差并没有影响两个人的感情，王瑞大学毕业后留在省城一家科研机构工作，他们很快就结婚了，但是由于李敏在家乡一个小镇的工厂里做工，所以两个人只得像牛郎织女般地过着两地分居的生活。

后来由于王瑞的工作能力很强，在单位能够独当一面，所以领导比较赏识他，在领导的积极帮助下，费了很多周折才把李敏的户口弄进了城里，但是由于没有文凭，李敏很长时间都没有找到合适的工作，只好待业在家。这时的他们虽然经济上并不富裕，但是感情却很好，王瑞虽然在李敏面前很有成就感，但决不高高在上，反而对整日闷在家里的妻子体贴有加，而李敏也很以丈夫为荣，为了让心爱的男人生活得舒适幸福，她每天都把家打理得井井有条，不让丈夫操半点心，那段时间是他们爱情的黄金岁月。

随着时光的流逝，李敏觉得总这么待在家里也不是个事，于是就出去做点小买卖，结果生意越做越大，越做越红火，五年后竟成了一家私营企业的女老板，而王瑞依然是个每月拿一千多块钱的技术员。开始的时候，李敏还挺顾及丈夫的感受，尽量减少在外面的应酬，一下班就尽量往家里赶，在工作一天后，仍勤快地干家务活。可是不知从什么时候起，王瑞感到自己在家里的地位跟老婆完全掉了个个儿，成了摆设。李敏变得很有个性，也很有主见起来，他的意见在李敏的决定中越来越无足轻重，连他的人在她的眼中似乎也变得可有可无起来了。李敏越来越像他的领导，而不像他的老婆了，她回家的时间越来越晚，出差的次数越来越多，他不得不承担起打扫房间、洗衣、做饭的任务来，久而久之，李敏竟把这当成了他的分内事，再也不插手家务活了。

这天晚上，10点多了，王瑞还在洗衣服，而李敏还没回家，十一点多了，浓妆艳抹的李敏才神气活现地走了进来，随手将皮包扔在沙发上，"孩子睡着了吗?"她慵懒地躺在沙发里，用手轻轻捶打着肩膀。

"睡了，晚上跟几个小朋友在楼下玩，累了。"丈夫从厨房里端出一杯温牛奶放在妻子面前。

"你怎么又让他一个人到楼下玩，把性子都玩野了。"

"那我总不能成天把他关在家里呀!"丈夫的声音越来越高。

"你不管，谁管，我每天在外面累死累活，回家还要管孩子，那还要你做什么！"

"你以为就你忙吗？我也要上班，你是孩子的妈，带孩子也是你的义务。"丈夫火气也大了起来。

"你忙，你忙，鬼知道你忙些什么东西。到单位七八年了，还是个普通技术员，挣钱没指望，升职没希望，活得还像个男人吗？"说着说着，李敏的火气上来了。

见妻子开始宣战，丈夫退回房间，重重地将门带上。过了一会儿，门开了，丈夫已经换好了衣服，准备出门。

"今天，你要是敢走出门口一步，以后就别想进这个家门。"已经准备开门的丈夫无可奈何地将手缩了回来，回头看看趾高气扬的妻子，苦涩地摇了摇头。

从那以后，妻子仿佛骂丈夫骂上瘾了，动辄就骂他没出息，骂他不长进，说："我当初真是瞎了眼，竟会爱上你！"

王瑞看着与过去判若两人的妻子，伤心至极，终于有一天，他对她说："我不妨碍你的前程，咱们离婚吧。"

李敏在事业上也许是个精明能干的女强人，但是在家庭中她却不是个聪明的妻子，在社会上，你可以以领导身份自居，但回到家庭，应该迅速将角色调整为"妻子"、"母亲"，在力所能及的情况下，承担部分家庭责任。无论在何种情况下，妻子都不能埋怨丈夫，特别是不能在外人面前，流露或者表达出嫌丈夫"没用"、"无能"的想法，甚至否认丈夫的人格以及他对家庭的贡献等等。

聪明的女人泼辣但是不过分，她们懂得爱丈夫，即使发怒，她们也尽量想办法充满美感，而决不允许自己像泼妇般的歇斯底里，因为她们知道那样只会破坏自己在丈夫心目中的形象和地位。

可是偏偏有些精明的女人把丈夫当成自己的私有财产，这就使得丈夫很痛苦，在职场上打拼得筋疲力尽，甚至伤痕累累不说，回到家里还得及时向妻子大人讲述过程和结果，赢得漂亮了老婆不放心，输得难看了老婆看不起。

还有些精明的女人觉得丈夫应该像父亲，像儿子，像情人……丈夫应该像父亲，既可提供经济上的依赖，还可给予精神上的支撑，她们觉得丈夫应该是强者，俗话不是说"夫贵妻荣"吗？丈夫强了，自己不就可以狐假虎威了吗？所以精明的女人会说："嫁汉嫁汉，穿衣吃饭。嫁老公，图的就是生活安定，经济无忧。如果嫁个丈夫权利义务都和自己均等，那还结婚干什么！这不明摆着是在做亏本的买卖吗！"

这样精明的女人就算她不强，对男人来说也够麻烦，如果她强了呢，那简直就是男人的灾难了。

爱情不是买卖，经不起算计和称量，因此千万不要把你的精明带入爱情当中，否则你就会失去爱情。

3. 给爱情留一点喘息的空间

情到深处，人就会变得敏感多疑，总想尽力去抓牢爱情，殊不知这样做正是犯了大忌，再真挚的爱情也该留点距离，给彼此一个自由的空间，刻意地把握只会失去爱情。

人们常常将婚姻比作围城，围城外的人想进去，围城里的人想出来。为什么有人想进去的地方，有些人却想从这里出去呢？因为相爱总是容易的，只要两情相悦，花前月下，海誓山盟总是很容易就可以做到的。但是真正相处在一起就是另外一回事了，由于性格、爱好、习惯各个方面的差异使两个人相处总会产生各种各样的矛盾。随着岁月的流逝，曾经认为浪漫温馨的举动如今看来也成了阻碍两人情感交流的障碍了。

当然，更重要的是围城里面的人失去了可贵的自由。想想当初做单身贵族的时候，想怎么做就怎么做，想怎么样就怎么样，而如今两个人相处就要迁就对方，要做很多以前自己不愿做的事情。而另外一些人呢，觉得对方对自己的照顾、关心成了限制自己自由的举动。

曾经有一对青梅竹马的夫妇，他们的关系非常好，可以说是如胶似漆，周围人都很羡慕他们。丈夫每天都会去妻子的公司接她回家，妻子公司的职员们都说她找到了一位好丈夫。但就是这样的夫妻最后却分道扬镳了，理由就是妻子认为丈夫的举动限制了她的自由，让她觉得丈夫不信任自己，感到自己就像个囚徒，时时在丈夫的监视之下，因此决定离开丈夫，拥有属于自己的空间。

两个人如何相处是个很大的学问，如何把握尺度是每一对伴侣必然遇到的问题。如果对伴侣过于限制，那么对方就会感到压抑，感到自己失去了自由，所以夫妻之间应该给彼此留一点空间，让伴侣能够更轻松愉快地与你相处。

有一位很爱丈夫的妻子，她觉得既然自己很爱丈夫，那么就应该无微不至地关怀他，从衣食住行到工作与交际，甚至丈夫有几个朋友，他们与丈夫联系了几次，都谈了些什么等等，事无巨细，她都要过问。在她看来，这才是真正亲密无间的体贴的爱。由于操心太多，她不但容颜憔悴，而且工作时，常常神情恍惚。

丈夫起初很感激妻子的细致与温情，然而，渐渐地他开始觉得有些厌烦，感觉到妻子对自己干预太多，信任太少，与妻子渐渐疏远，他对妻子说："你能否给咱们各自一点空间？你操那么多闲心，所以才总是显得很劳累。家庭就是一个舒适的放松之地，为什么要把咱俩都搞得那么紧张呢？"

妻子听了感到很痛苦，她不明白：为什么自己这样的深情却换不回来丈夫的真心？于是她开始关注各种爱情指南，偶尔翻一本书，上面有这样一句话："好的爱情是不累的。"于是她幡然醒悟，明白了：夫妻间必须留有一定的距离，不要使双方感到透不过气来。但是间距要适中，太远，"听"不见对方爱的呼唤；太近，"看"不到对方情的流盼。

有人用刀与鞘来比喻生活中的夫妻，说如果刀与鞘天天黏在一起，一点多余的自由和独立的空间都不给对方，那么最后就可能完全锈死了。虽然从外面看还有一个完整的形象，但是实际上早已经名存实亡。夫妻之间也是如此，如果彼此间没有独立的心灵空间，就会使爱情窒息而亡。

北宋著名词人秦观有句名言："两情若是久长时，又岂在朝朝暮暮。"这固然是对分居两地的夫妻的心理安慰，但未尝不是对终日厮守的情侣的醒世忠告。因为即使是恩爱夫妻，天长日久的耳鬓厮磨，也会有爱老情衰的一天。

有很多人高喊捍卫爱情纯洁的口号，将爱人紧紧绑在自己的视线之内，惟恐其越雷池半步。用这种方法维持下去的婚姻，好像是把家庭建成了一座不透风的监狱，而爱人成了囚在狱中、被判了无期徒刑的犯人。人生来谁不渴望自由，所以狱中的人总想出逃，这种做法等于是亲手将爱情送进了坟墓。

天长地久的爱，不是用誓言来为对方戴上手铐，而是用信任把他释放。真正的爱情无须你去限制，对方从爱上你的那一刻起，就已经没有了绝对的自由，因为对方心里牵挂着你，默默信守你们彼此的承诺，天涯海角总是思念着你，对方的身心被你占据着，这岂是全然的自由？在爱中，不要以为只有完全放弃了自己的自由，才是对爱情的忠贞。

据生物学家研究表明，豪猪喜欢群居，当它们为了取暖聚集在一起时，它们习惯性地希望贴得密无间隙。但它们身上的刺，使它们只得保持靠近但不紧贴的状况。很快，豪猪们发现，保持适当的距离，给彼此一点空间，其实益处很大：它既保证了它们不会因挤得密不透风窒息而死，也让它们拥有足够的温暖。"靠近但不紧贴"，这就是豪猪给予我们人类在爱情与婚姻中的启迪。

夫妻在一起时，并不是非要不停地说话，才能显示彼此情感的热烈。有的时候，夫妻也需要一点沉默，他们同处一个屋檐下，虽然各自忙碌着各自的事，但情感却可以通过空气、安谧的氛围、偶尔的交谈，在整个房间里传递。无言不等于无情，不说话也不代表遗忘。你陪在我的身边，活在我的记忆里。闻着彼此的气息，我们已经心领神会了我们的爱情，所以沉静也是一种美丽和多情。

还有人与人相处，应该允许对方有自己的隐私和秘密，即便是夫妻间也是如此。每个人的心里都有一片不可触碰的圣地，人人都有不愿回忆的往昔，人人都有无法或暂时不想对配偶言及的事，假如它的存在无关大局，不影响现在的夫妻情感，那就让它躺在全封闭的记忆里吧。

保持距离就是在保持爱情的新鲜感，拥有相知相守的感觉就已足够了，何必非要二十四小时黏在一起呢?! 给爱留一个适度的空间吧，这样婚姻才会圆圆满满。

4. 导致婚姻触礁的九个小问题

很多时候，我们的婚姻生活之所以会出现问题，往往是由一些小错误、小毛病，甚至是一些被我们认为是合理的错误观念导致的，因此我们应当检查自己身上的问题，避免碰触婚姻禁忌。

（1）不能把婚姻建筑在浪漫基础上

一对情侣相互依偎着，看着夕阳西下，发誓永远忠于对方。此情此景曾激励着多少年轻人坠入爱河。但只要你对浪漫的婚姻逐一考察，就会发现其中多数都以非浪漫的离异而告终。以为婚姻可以延续浪漫进程的人几乎都是失望的。罗曼蒂克忽视了如下的事实：夫妻双方如果只迷恋于一见钟情的相思，而不去培养共同生活的兴趣和价值观，日久天长，就会对另一方生厌。夫妻感情应是慢慢燃烧着温暖心房的火苗，而不应是瞬间即逝的闪电。如果离开了互相关心、互相尊重、互相交流、互相适应对方的习惯和价值观，即使再炽烈的火苗也会很快熄灭的。热恋时不切实际的浪漫幻想恰是日后离异的定时炸弹。

（2）夫妻间需要更多的相处时间

事实永远胜于雄辩。据美国的一项调查显示：3000 对婚姻美满、关系稳定的夫妇中，90% 以上的说，他们"共同生活和一起活动的时间很多"；而另外 3000 对离了婚的夫妇则埋怨他们"过去在一起生活和从事各种活动的时间太少了"。众多婚姻美满的夫妇认为，"促膝谈心不可能在很短的时间内进行"。这样，答案就再明确不过了，夫妻共同生活的时间数量远比时间质量来得重要，这就是所有恩爱夫妻的共性。

（3）婚姻不一定要夫唱妇随

许多人都认为夫妻应比翼双飞，这有利于夫妻进行感情交流。赵医生坚持要妻子同他一道去划船，其妻子小田却很想利用这段时间休息，但她勉强去了。

小田要去看一个朋友，坚持要丈夫陪她前往，丈夫对此不感兴趣，但还是答应去了。诸如此类，日复一日，他们终于发生了争执："你为什么要强迫我去做我不愿意做的事？"

有关专家研究证明，向对方施加心理压力，是感情恶化的先兆。现实生活是夫妻能在一起共事的时间至多只有 75%，所谓的"比翼齐飞"、"夫唱妇随"在总体上不是使对方得到解放，而是给对方套上枷锁。真正的好夫妻应尊重对方的兴趣、爱好和安排时间的自由，在事业上也不要强其所难，而应以互补、互勉为好。应给对方以充分的自主权。

（4）不能要求别人对自己的感情负责

要别人对自己的感情负责，就是错误的。如果说一个人的幸福在另一个人的手里，这心情犹如餐桌边等着上菜一样，一旦没有你期待的那盘佳肴捧上，你会暗自埋怨主人。同样，要自己对别人的情感负责，也是一个愚蠢的错误。你要想使你的丈夫或妻子从你这里得到幸福，你就会曲意迎合、投其所好，慢慢地，爱情的的甜水就会酿成苦酒。因为对方的需要你不可能未卜尽知。处处善察人意的人委实不多。另外，曲意迎合会使婚姻的真实价值受到破坏，许多人就是这样由热爱到伪善再到反目的。真正的恩爱夫妻应该把幸福的期望值在原有的水准上降下两码。

（5）郎才女貌未必恩爱

郎才女貌、性情一致的确不失为佳偶，但这仍然是罗曼蒂克的。即使不是，在此基础上缔结的婚姻也未必理想。心理实验证明，男女的审美观没有什么大的悬殊，那种认为男重貌女重才的观点实际上是错误的。男才可以吸引女性，但男貌也能补拙；女貌能吸引男性，但女才也能补丑。一时以显"才"捕获美女的丑男，在娇妻的潜意识中总留下不快的阴影。同样，徒做花瓶的妻子在生活中也会给丈夫带来无穷的烦恼。当然，才貌双全的伉俪也是有的，但若再加上个"性情一致"，就属罕见了。现实也常常为此作证：恩爱夫妻性情往往不一致，性情一致的夫妇未必恩爱。这里有一个阴阳互补、相辅相成的道理。

（6）患难或家庭危机不一定会使夫妻关系更加亲密

世上确有关系亲密的患难夫妻，他们恩爱相处，为人称道，但为数不多。研究证明，失业、家庭成员病重或死亡等往往伴随着夫妻的离异。因为很多夫妇难以承受家庭悲剧对他们情感上的打击，多用逃避现实的办法来对付。

（7）彼此不一定要坦白无私

有此心态的夫妇，常要对方无条件地忠于自己，要求对方在心灵上没有任何隐私。倘若偶尔心灵走私一些必会引发另一方的心灵震荡，也势必影响到婚姻。

（8）过于信任对方

一个硕士在结婚6个月后，他的朋友就注意到他的妻子经常与另一个年轻人在一起，便向他暗示他可能遇到麻烦。可他满不在乎地对朋友说："得了吧，我和他是多年的好朋友，他岂能人面兽心，夺我之妻？再说，我妻子对我坚贞不移，我对我妻子也坚信不疑，你就甭操这份心了。"朋友指出："这位小伙子比你有许多优越之处，少年英俊，家境又好，涉世未深的女人是抵挡不了的。"可是，这位硕士却对朋友的忠告全当闲谈，不屑一顾。结果，没过多久，他的爱妻向他宣布：她爱上了那位小伙子，且已发生了关系，她要求离婚。这位年轻的硕士差一点儿没晕过去。

真正美好的婚姻应有一点儿不安全感。对爱人的忠诚绝对完全信任，经常会导致对方的不忠诚，更现实的看法是，夫妻任何一方都有可能屈从于外来的诱惑。如果你把你的爱人看得太老实了，认为对方不具有吸引力，那么这意味着连你也无法吸引，你就不会产生对你爱人应有的尊敬、兴奋和满足感。相反，如果你认为你的爱人具有魅力，那你就会增加对对方的关心，从而提高婚姻的美满度。

（9）离婚不一定会让你过得更幸福

诚然，寻找一个新配偶是件容易的事。首先，新配偶似乎具有原配偶没有的优点。一个男人会夸奖他的女友："我能告诉她许多事情，但我不能跟妻子说这些。"为什么呢？这是因为你和女友没有创伤与裂痕，没有你已学会回避的话题，但这并不意味着她有着你妻子所没有的优点。

事实上，准备离婚的夫妇如果想使生活过得美满和谐，总是可以挽救的，因为婚姻中值得留恋的地方有很多。何况通常来说，另选配偶并不能消除家庭矛盾，离婚后情况会更糟，因为对婚姻的不适是因为一方未能满足对方的某些需求，婚姻破裂时不但问题未能完全解决，而且随着配偶的离去，周围的人也会逐渐疏远。

不少再婚者也以自己的经历作为经验："早知道这样，我就会珍惜与原来配偶的生活了。"既然如此，何必当初呢？婚姻问题专家因此主张抵制婚姻"没有希望"的冲动念头。他们说，婚姻关系绝对无法继续时应该离婚，但也应该学会容忍成功婚姻中可能存在的种种缺点。

婚姻生活是琐碎平凡的，而损害婚姻的也正是一些不起眼的小问题，所以每对夫妻都应该在细微问题上多下功夫，这样婚姻的生命力会更加旺盛。

第十四章 婚恋家庭：
别让细节毁了珍贵的情感